フェアレディZ ストーリー

米国市場を切り拓いたスポーツカー

片山　豊　松尾良彦　片岡英明　ブライアン・ロング　他共著

1972年1月、第41回モンテカルロ・ラリーに出場し、総合3位、クラス2位に入賞したフェアレディ240Z。絵はチェコスロバキア生まれのドイツ人で、自動車画家の巨匠、ウォルター・ゴチュケ氏の作品で、日産自動車創立40周年記念として発行された1974年版企業カレンダーのために制作されたもの。

初代フェアレディZ（S30型）の記録
1969-1977

1969年11月に発売され、1978年8月に2代目に代わるまでの、初代フェアレディZ（輸出名：DATSUN 240-Z SPORTS）の変遷をカタログでたどる。当時フェアレディZの主要マーケットは米国であり、生産台数の約85％が輸出され、そのほとんどが米国向けであったことから、輸出仕様のカタログも併せて紹介する。1960～70年代は、わが国の自動車産業が飛躍的に成長した時期であり、日本自動車工業会の「自動車統計月報」によると、1960年には軽四輪車を含めた乗用車の年間生産台数は16.5万台に過ぎなかったが、1967年には100万台を超えて137.6万台となり、1970年には317.9万台、1971年には西独（当時）を抜いて米国に次ぐ世界第2位となり、1978年には597.6万台に達している。大卒の初任給も日経連・調査資料による全産業平均値は、1960年には1万6000円ほどであったが、1970年には4万1000円、1978年には10万9000円に上昇している。初代フェアレディZはこのような高度成長期を駆け抜けたクルマであり、初代フェアレディの成功は日産自動車躍進の原動力になったのである。

Fairlady Z

1969年11月に発売されたフェアレディZ 432。4バルブ、3キャブレター、2カムシャフトを意味する"432"のネーミングどおりのホットなモデルで、初代及び2代目スカイラインGT-Rと同じS20型1989cc直列6気筒DOHC 160ps/18.0kg-mエンジンを積み、0〜400m加速15.8秒、最高速度210km/hの俊足であった。5MTおよびノンスリップデフを装備し、小変更を加えられて1973年9月まで生産。1971年3月にマイナーチェンジするまでの初期モデルにはテールゲートに2つのエアアウトレットルーバーが存在する。価格はマグネシウムホイール付きが185万円、スチールホイール付きが160万円とベースモデルの2倍の価格であった。

1969年11月に発売されたフェアレディZの運転席。3本スポークのウッドリムのステアリングホイールにフルパッドのインストゥルメントパネルを装備し、Z 432とZ-Lモデルには5速MT、ベースモデルのZには4速MTが装着された。

Z 432-R。スペックの記載は無いが「無限のハイチューンの可能性を秘めたレース仕様車」とある。昭和44年11月、日産自動車発行のサービス周報（184号）にはZ432［PS30（D）］等の詳細は紹介されているが、派生モデルについては「ラリー、レース専用のPS30SB車が有りますが、特別扱いのため一切紹介していません。」と記述がある。Z432Rは、Z432をさらに高性能化したモデルで、レース関係者などを対象に数十台ほどの極く限られた台数が世に出たらしい。

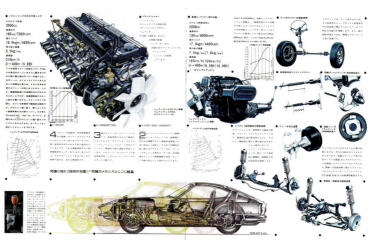

Z 432の透視図と各部メカニズム。左上のS20型エンジンはR380に搭載されたGR-8型とは全くの別物で、GR-8型、GR-7型等のレース用エンジンで得たノウハウを織り込んで、量産に適するよう新たに設計されたエンジンである。

上はベースモデルのフェアレディZ。L20型1998cc直列6気筒SOHC130ps/17.5kg-mエンジン＋4速MTを積み、0～400m加速16.5秒、最高速度は185km/h。価格は93万円。ホイールカバーはオプションであった。

フェアレディZ-L。ベースモデルのZに5速MT、カーステレオ、時計、リクライニングシート、ゴムバンパー、電熱線プリントリアガラスなどを装着したモデルで、0～400m加速16.9秒、最高速度195km/h。価格は108万円。

1970年10月、フェアレディZ-Lにニッサン・フルオートマチック3速AT車が追加設定された。価格は156.3万円。同時に全グレードにレギュラーガソリン仕様が追加された。1971年3月にはベースモデルのZにも3速AT車が設定され、価格は98.5万円。

1971年10月、2.4ℓエンジン搭載の240Zシリーズが追加設定された。L24型2393cc直列6気筒SOHC 150ps/21.0kg-mエンジン＋5速MTまたは3速ATを積む。これはFRP製の「エアロダイナ・ノーズ」を付けた240ZGで全長は190mm延長されて4305mm、全幅もFRP製のオーバーフェンダーが追加されて60mm拡幅されて1690mmとなった。価格は150万円でATは6.3万円高。

2.4ℓのベースモデルである240Z。装備は2ℓのZに準ずるが、異なる点は5速MTを標準装備し、新型ホイールカバーがオプション設定されていた。価格は115万円（MT車）。テールゲートにあったエアアウトレットは無くなっている。

「エアロダイナ・ノーズ」を持たない240Z-L（下）。装備は2ℓのZ-Lに準ずるが、フロントグリルがメッシュから横バータイプに変更され、ヘッドランプカバー、新デザインのホイールカバー、黒塗装のワイパーが装着されている。価格は135万円（MT車）。

1973年9月にマイナーチェンジされたフェアレディZ（表紙のクルマとブルーのクルマ）と後方はフェアレディZ-L。48年規制をクリアする排出ガス防止対策が施され、鉛化合物の少ないレギュラーガソリン仕様の125ps/17.0kg-mのみとなった。同時にインストゥルメントパネルおよびリアデザインが変更され、バックアップランプがリアコンビネーションランプから独立した。この時点で、Z432、2.4ℓ車およびベースモデルであるZのAT車はカタログから落とされている。

 1974年1月に追加設定された2by2シリーズ。写真はハイグレードのフェアレディZ-L 2by2。サイズはホイールベース2605mm（2シーターより＋300mm）、全長4425mm（＋310mm）、全幅1650mm（＋20mm）全高1290mm（＋10mm）で、Z-L 2by2には5速MT車（149.8万円）と3速AT車（156.3万円）、Z 2by2には4速MT車（131.7万円）がラインアップされた。

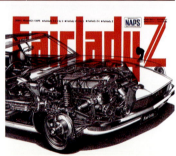

1975年9月、ツインキャブレター方式から電子制御燃料噴射（ニッサンEGI）方式に変更したL20E型130ps/17.0kg-mエンジンに、日産排出ガス清浄化システム「NAPS（Nissan Antipollution System）」採用で、50年排出ガス規制をクリアしたフェアレディZ。テールゲートには「NAPS」と「E」のオーナメントが追加された。価格上昇は21万円であった。

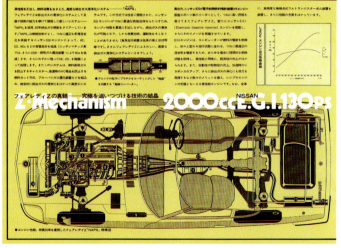

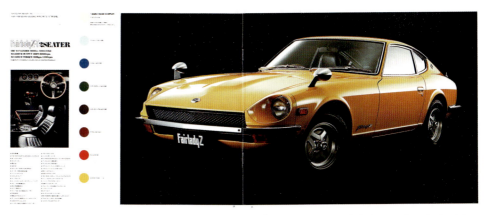

1976年1月に発売された51年排出ガス規制をクリアしたフェアレディZ（S31型）。写真は新たに登場した最上級グレードのZ-Tで、アルミホイール＋195/70HR-14チューブレスラジアルタイヤ、パワーウインドー、電動式リモコンミラー、FM/AMラジオ付きカセットステレオなどを標準装備する。価格はZ-T 2by2が189.7万円、Z-Tは171.5万円。ATは6.5万円高。その他のグレードも2.5～3.9万円値上げされた。

1976年1月に発売されたフェアレディZ-T 2by2の運転席。この時点でスピードメーターは、フルスケールの240km/hから180km/hのものに変更されている。

輸出仕様車

ここからは海外向けの輸出用のカタログを紹介する。主なマーケットとなった米国での名称は、ダットサンのブランド名が付く「DATSUN 240-Z SPORTS」であり、その後260Z、280Zとエンジンが拡大され、装備等の充実が進められている。

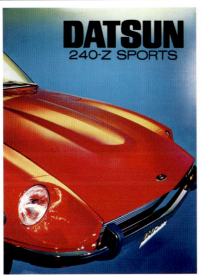

1970年に日産自動車で発行された、米国を含む輸出用フェアレディZ「DATSUN 240-Z SPORTS」最初のカタログである。エンジンは2.4ℓ 151hp/20.1kg-mで、米国、ハワイ、グアム、カナダ、プエリトリコには4速MT、ラジオ、時計、電熱線プリントリアガラスなどが標準設定され、その他の国向けには5速MTが積まれ、ATの設定は無かった。外観の特徴は前後バンパーにオーバーライダーが付き、前後フェンダーにサイドマーカーランプが付く。テールゲートには2つのエアアウトレットルーバーが付き、リアクオーターピラーには丸型のZではなく「240Z」のオーナメントが付いていた。価格は3526ドル。ポルシェ914のベースモデルは3595ドルであった。

1971年に日産自動車で発行された、米国を含む輸出用「DATSUN 240-Z Sports」のカタログ。3速AT車が設定された。テールゲートのエアアウトレットルーバーは廃止され、リアクオーターピラーのオーナメントが通気口を兼ねた丸型のZに変更された。

1971年に発行されたDATSUN 240-Z Sportsのカタログ。バンパーオーバーライダーと新デザインのホイールカバーが付き、5速MTまたは3速ATを積む。この写真は右ハンドルだが、左ハンドルの設定もある。

1971年に発行された米国向けDATSUN 240-Z Sportsのカタログ。トランスミッションは、4速MTに加えて3速ATも選択可能となった。新デザインのホイールカバーが採用されている。

1971年に発行された欧州仕様DATSUN 240-Z Sportsのカタログ。前後スポイラーが装着され、フロントフラッシャーランプがバンパー上に付く。フランス向けにはサイドフラッシャーランプは付かない。5速MTを積み、ATの設定は無い。

カナダ日産で発行された1974年DATSUN 260Zのカタログ。L26型2565cc直列6気筒SOHCツインSUタイプキャブレター162hp/21.0kg-mエンジン＋4速MTを積む。3速ATがオプション設定されていた。衝突安全基準をクリアする「5マイル・バンパー」が装着されている。ステアリングホイールはウッドリムからウレタンフォームに変更された。

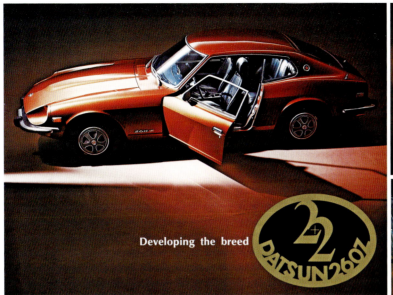

1974年5月、米国で発売されたDATSUN 260Z 2+2のカタログ。5マイル・バンパー装着により、全長は国内仕様より170mm長い4595mmとなっている。トランスミッションは4速MTまたは3速ATが選択可能で、価格は6089ドルで2シーター260Zの5289ドルより800ドル高であった。AT車は＋275ドル。

日産自動車で発行された、1974年一般地域向けDATSUN 260Zの英文カタログ。L26型162hp/21.0kg-mエンジン＋5速MTまたは3速ATを積む。写真は右ハンドル仕様だが、左ハンドル仕様も設定されていた。モンテカルロ・ラリーにおけるZの写真が収められており、欧州市場を主な対象に製作したものだろう。

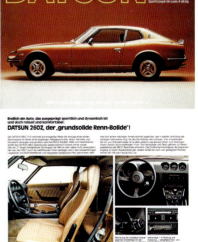

ドイツ・ダットサン社で発行された1975年DATSUN 260Z 2+2のカタログ。L26型エンジン＋5速MTを積む。バンパーは日本仕様と同じでオーバーライダーは付かない。フロントフラッシャーランプはバンパー上に装着されており、前後スポイラーと1975年4月からはアルミホイールも標準装備となっていた。

Datsun 260Z/260Z 2+2.

スイス・ダットサン社で発行された1975年DATSUN 260Z/260Z 2+2のカタログ。アイボリーの内装が新鮮。1973年10月に発生した石油危機後、欧州でのZの販売は低調であったため、1976年2月以降2シーターモデルの輸出を止め、2+2のみとなった。

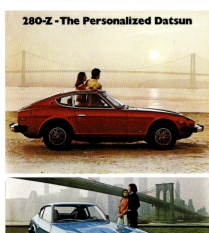
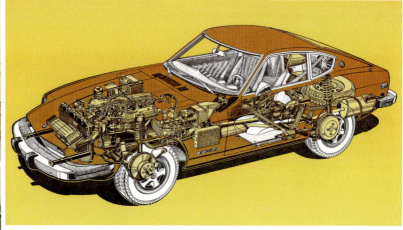

1975年2月に米国日産で発行されたDATSUN 280Z/280Z 2+2のカタログ。280Zは1975年3月から米国市場のみで販売された。L28型2753cc直列6気筒SOHC電子制御燃料噴射（EGI）168hp/24.1kg-mエンジン（馬力・トルクはカタログ表記なし）+4速MTを積み、3速ATがオプション設定されていた。5マイル・バンパーは一層強固なものになり、2+2の全長はさらに114mm伸びて4709mmとなった。フロントフラッシャーランプはバンパー下からフロントグリルの両端に移された。

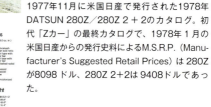

1977年11月に米国日産で発行された1978年DATSUN 280Z/280Z 2+2のカタログ。初代「Zカー」の最終カタログで、1978年1月の米国日産からの発行史料によるM.S.R.P.（Manufacturer's Suggested Retail Prices）は280Zが8098ドル、280Z 2+2は9408ドルであった。

解説・資料提供：當摩節夫（自動車史料保存委員会）

フェアレディZ ストーリー

米国市場を切り拓いたスポーツカー

片山 豊　松尾良彦　片岡英明　ブライアン・ロング　他共著
Yutaka Katayama　Yoshihiko Matsuo　Hideaki Kataoka　Brian Long

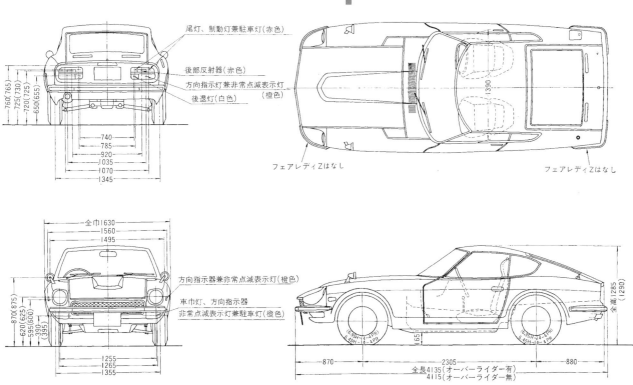

MIKI PRESS
三樹書房

読者の皆様へ

Message

本書をお読みいただく前に

　本書は初代フェアレディに焦点を当て、1999年10月15日に初版を発行した『フェアレディZストーリー　DATSUN　SP/SR&Z』が底本になっています。初代フェアレディZ（輸出名：DATSUN　240-Z　SPORTS）は、ダットサンDC3スポーツ（1952年）をルーツとした日本を代表するスポーツカーとして、1970年代に日本はもちろん米国市場でも他に例のないほどの人気を博し、日産自動車のみならず、日本の自動車産業は世界の注目を集めることになりました。

　その足跡を後世に残しておくことを主眼に初版を編集しましたが、それから早くも20年が経過し、そして2019年に、フェアレディZは誕生からちょうど50年を迎えることになりました。この機をとらえ日産自動車では、伝統あるフェアレディにスポットを当て、初代Zのカラーリングを継承したフェアレディZの50周年記念車を発売するなど、ヘリテージ（遺産）に対する新しい動きも出ています。

　小社ではこうした活動に呼応し、長い期間品切れとなっていた本書を復刊することにしました。復刊にあたっては、記述内容を再確認し、適切な修正を加えています。また日本を代表するカタログ収集家の當摩節夫氏のご協力をいただいて、初代フェアレディZの記録資料として、国内向け並びに輸出仕様の貴重なカタログをカラー口絵に8ページにまとめて増補改訂し、「二訂版」としています。

　前記した通り、本書の内容は1999年以前に取材・収集されており、松尾良彦氏による「初代Ｚのデザイン開発手記」などの本文はすべて1999年刊行当時のものあることをご了承ください。なお、故・片山豊氏による「ダットサン240Zはこうして誕生した」の証言集は今では取材不可能であり、その意味でも貴重な章といえるでしょう。

　片山豊氏のスポーツカーへの情熱が大きく影響して誕生したといえるフェアレディZは、今では消え去ってしまった世界の多くの2シータースポーツカーの中でも、生産が継続されている数少ないスポーツカーとして評価されるべきだと考えています。本書が読者の皆様にとって歴史と伝統を誇るフェアレディZの魅力やその価値についての理解をより深めるための一助になれば幸いです。

編集責任者　小林謙一

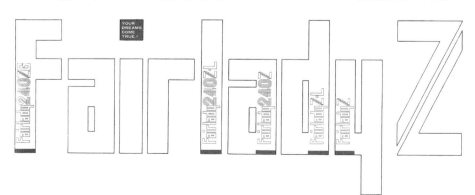

刊行にあたって
Preface

　日本を代表するスポーツカーとして歴史を刻むフェアレディZは、日産にとってもスカイラインと並ぶ人気車種であり、関連書籍はこれまでにも数多く出版されている。本書を企画した時、独自の特色として何を措いても入れたいと思ったのは当事者による証言であったが、幸い片山豊氏と松尾良彦氏が執筆を快諾してくださった。

　片山氏は長く米国日産の社長を務め、米国日産を飛躍的に発展させたばかりでなく、その業績が称えられて日本人としては4人目の米国自動車殿堂入りを果たした人物である。アメリカではミスターKの愛称で「Zカーの父」としてファンから慕われており、Zを語るにあたって忘れてはいけない最も重要な一人である。彼なくしてZが生まれ得なかったことは既に定説になっているが、今回、少年期の回想にもふれて書かれたことにより、彼とスポーツカーとの関係が、すなわちフェアレディZが生まれた精神的なバックグラウンドがより鮮明になった。

　松尾氏はZプロジェクトのチーフデザイナーとして実作業をした方だが、単にスタイリストとして線を引いただけでなく、自らの明確なスポーツカー論をもって、片山氏が描いたコンセプトを見事に具現させた。フェアレディZがあの形で世に出るまでの、氏によるインサイドストーリーは貴重な記録である。

　本書は初代Zを中心としたものではあるが、一つのモデルはある日突然生まれるものではなく、そこに至るまでの歴史や技術の蓄積を必要とするものである。そういう意味で、製品としての客観的な解説の章ではその源流にまで遡り、特にSP／SRシリーズに関しては初代Zと同じレベルでその変遷を詳説した。また2代目、3代目についても、時代とともに変わらざるを得なかったその流れを追った。ただし4代目の現行モデルについては、性格が大きく違うこともあり、詳しくは述べていないが、ご了承いただきたい。またZのモータースポーツ活動もほとんどが初代に限られているので、2代目以降にはふれていない。

　海外におけるZについては、現地での評価、販売実績およびラリー活動等を、英国人のジャーナリスト、ブライアン・ロング氏にお願いした。特に欧米の反響や評価は、いくつもの自動車雑誌の記事がたんねんに拾い集められていて、当時の生の声を知ることができる。Zは輸出比率が圧倒的に高い車であり、日本国内の評価だけで総括できるものではない。

　本書はこのようにフェアレディZを様々な角度から論じたものであり、それぞれに相応しい執筆者を得ることができた。しかしそれゆえに一冊の本として一貫性に欠けたり、重複したりしている部分もあるのは否めないが、各章が独立した形で進められた実情をご理解いただきたい。専門用語、固有名詞の表記等が各章間で必ずしも統一されていない点もお断りしておく。なお小社の編集方針として写真は基本的に当時撮られたものを収録しているので、資料としての価値は高められたと思う。またデータ関係では、日産から提供された数値を優先して掲載した。

編集部

目次
Contents

Ⅰ **ダットサン240Zはこうして誕生した**／片山　豊 ……… 7
Birth of Datsun 240Z / Yutaka Katayama

Ⅱ **フェアレディの軌跡** ……… 23
Fairlady Story: The History of a Japanese Sports Car

Ⅲ **初代Zデザイン開発手記**／松尾良彦 ……… 81
How I Developed Datsun 240Z Styling / Yoshihiko Matsuo

Ⅳ **S30型Z国内レースでの活躍**／片岡英明 ……… 107
Racing Scene of Original Z in Japan / Hideaki Kataoka

Ⅴ **海外における初代Z**／ブライアン・ロング ……… 123
The Z Overseas / Brian Long

Ⅵ **海外におけるZのコンペティション活動**／ブライアン・ロング ……… 139
The Z in Overseas Competition / Brian Long

フェアレディ・シリーズ主要諸元 ……… 155

フェアレディ・シリーズ生産／登録／輸出台数 ……… 158

ダットサン240Zはこうして誕生した
Birth of Datsun 240Z

片山　豊 ── 元 米国日産社長
Yutaka Katayama

編集・写真解説／小林謙一

ダットサン

明治の中頃、橋本増治郎は農商務省の計らいでアメリカの自動車事情を勉強に行き、帰国すると自力で自動車の生産に没頭、快進社を興し、田健次郎、青山禄郎、武内明太郎の三氏の後援を得たので、その頭文字を取ってDATと名付けた自動車を完成させました。1914年（大正3年）のことです。その後、このDATを基にした小型の自動車を造ったので、これにSON（息子の意味）を付けてDAT-SONと命名し（1931年）、さらにまたこれがDATSUNと変更されて、当時最も新しい小型自動車の代表的名前として日本の市場に認められました。

後に実業家の鮎川義介氏の主宰する日本産業株式会社の傘下に日産自動車株式会社が創立され、DATSUNが近代的な生産方式で製造されることになり、その第1号車がラインオフしたのは1935年4月12日のことでした。

私はちょうどこの年に大学を卒業し、夢に見た自動車製造会社に就職できたので、この

DAT Carシャシー（快進社／1913年）

1914年の展示直前のDAT Car

DATSON号(ダット自動車製造　DAT91型／1931年)　ダットソンと呼ばれたのは1931〜32年の時期のみであり、おそらくこの91型は試作と考えられる。

DATSUN 11型ロードスター(ダットサン自動車商会／1932年)

1920年Briggs & Stratton Flyer 2½hp。ブリッグスのシンプルな構造に魅せられた。

DATSUN 15型ロードスター(ダットサン自動車商会／1936年)　当時では明るい塗装が特徴であった。

　DATSUN第1号がコンベアラインから滑り出す光景を、胸ふくらむ思いをしてこの目で見たのです。あの感激と誇りは今も忘れられません。

　しかし当時既に日本は帝国陸海軍の勢力が強くて、産業の発展が国の基本であるべき時代であったにもかかわらず、戦争の準備に追いまくられ、まったく本末転倒の時代となってしまいました。1939年になると軍の指導で満州重工業の一翼を担って満州自動車製造株式会社が設立され、日産自動車のトラック製造部門の一部が満州に移転、トラックの製造計画が始まり、もはや私の夢見る乗用車の製造等は考えられなくなってしまったのです。私の乗用車の夢は心の奥に秘めておくより他はありませんでした。

フライング・フェザー

　しかしどんなに環境が変化しても、また変化すればするほど私の心の中でうごめくのは、中学3年生の時に藤沢駅前で見た極めて簡単な自動車、Briggs の幻影だったのです。それは風呂のスノコに4輪を付け、第5輪にスミスモーターを改造して動輪とし、運転台にはバケットシートを並べただけの、2人乗りの実に単純なオープンの極軽量な自動車でした。これならば自分にも手製できるのではないかと考えたのです。その車は後にアメリカや英国では電気自動車に変更されもしましたが、アメリカでは発売当時(1919〜23年頃)お笑いの種にもなったそうです。しかし私にとっては忘れがたい車として、心の中に残ってしまいました。なぜなら、その車に乗っていた紳士は鳥打ち帽子にホームスパンのスポーツコートを着てニッカボッカで身を固め、革の手袋をして英国の田舎道から抜け出てきた、絵のようなステキな出で立ちだったし、そのスタイルと車が完全にバランスがとれていたのです。もちろん当時の藤沢駅前には異様な姿だったに違いありません。たくさんの人が集まって眺めていました。その人垣の中で紳士はおもむろにエンジンを掛けて、薄紫の煙を残して視界から消えて行ったのです。誰だったんでしょう？？　私の好奇心は収まりませんでした。自分もあのような車で洒落たドライブがしたいものだと、心の写真機に写してしまったからでした。

　そうした思い出とイメージが、後に鬼才富谷龍一氏と一緒になってフライング・フェザ

Flying Feather・フライングフェザー（住江製作所／1954年）　4サイクル空冷V型2気筒 OHV 350cc、最高出力12.5馬力、前進3段、車両重量400kg、乗車定員2名。天才と言うべき富谷氏と片山豊氏が組んだ製品。

モーターショーのエンブレム　The emblem of the Tokyo Motor Show, designed by Y. Katayama
このマークに込められた意味は「人類の生活に大きな変化をもたらした車輪を、人間が意思をもって転がし又止めるという思想」であり、東京モーターショーのマークとして第1回から今日まで使い続けられているシンボルマークとなった。片山氏自身が丸いテーブルを使ってモデルになり、画家によって描かれたイラスト。

ーという車を作ることに結晶したのです。

満州自動車製造会社に異動

昭和14年、満州で私が命ぜられた仕事は広大な更地を開拓するお手伝いでした。私としては開拓の話は夢のような大自動車都市建設のお手伝いの筈でした。しかし現場で接触した建設関係の人達とは全く考え方も合わず、生活を共にする勇気も失って、満州に希望が持てなくなってしまい、私にとって満州国建設のお手伝いをして夢のような大きな仕事をする話は不毛に終わってしまいました。したがって満州には私の存在の必要も無くなったと考えたので、大変勝手な行動だとは思いながらも、決然として帰国してしまいました。

戦争が終わると、満州国そのものが消滅してしまったので、日産自動車販売会社の再開により復帰することが出来て、再び乗用車生産の周辺に帰って来ることが出来たのは、何と言っても幸いなことでした。

宣伝の仕事

敗戦後日産に帰ると、宣伝の仕事に目をつけ、この底知れない未知のクリエイティブな新しい分野の仕事に興味津々で、自分から進んで再びやる気いっぱいで飛び込みました。多くの人達は宣伝の仕事をチンドン屋と呼んで蔑み、当時の先輩の重役達さえも「お前はそんな仕事をしていると、昇進の道がなくなるよ」と注意してくれたものです。当時は宣伝活動の重要さに多くの人達がなぜか気付いていなかったのです。実はそこが私にとっては本当の穴場でした。私には全く別の考えがあって、自信をもってその仕事をすることが出来る理由があったのです。

宣伝という仕事は、会社を代表して世間に会社の存在価値を正しく伝え、社長に代わって会社の意思を明確に伝える大変大切な仕事ですが、当時世間ではパブリック・リレーションの意味も分からず、知識もないままに、宣伝と混同誤解されているような時代だったのです。しかも私にとってこの職場は、次第にこの上もない快適な仕事場に展開して行きました。製品である自動車に関して、私の考えを聴いてもらい意見を提供することさえ出来るまでに工場の技術者達から理解される機会が出来て、新しい車の製造に口出しも出来る歓びが出てきたのです。

左：Super Datsun Racer 1936
1936年多摩川スピードウェーでのレースに出場した③NL-76と⑱NL-75。右のマシンはDOHCの過給器付レーサーモデルで22HP／4000rpm。このエンジンは日産の工場で、しめ縄を張って組み立てられた。残念ながら戦火で消失。

下：Datsun Sports DC3（日産自動車／1952年）

特にスポーツカーに関しては、子供の時から愛読していた英米独先進国の自動車の書籍や雑誌による知識が役に立つようになって来たのです。海外の雑誌は、Auto car、Motor und Sport、Science and Invention、Popular Mechanics、Radio News 等を中学3年の頃から楽しんでいましたが、ご覧のように、自動車雑誌ばかりではありません。むしろ初めはラジオ少年でした。また子供時代と言えば、ガソリンの芳香に魅せられていて、よくもシンナー少年にならなかったと思います（葉巻の匂いにも魅せられて葉巻も吸いましたが、これもうまく卒業しました）。その頃興味を持った車は、手近にあったEarskin、Moon、Ford、Star 等ですが、今では懐かしい思い出です。

また、その頃すでに大変な勢いで進歩する日本の自動車産業を宣伝・広報の立場から眺めていると、日本でも自動車ショーを始めようという考えが浮かんできたので、その考えを各社の宣伝課長さん達に伝えたところ、大賛成を得ました。それにはもちろん、反対や妨害など、大変な紆余曲折があったのですが、結局は各社の協力を得ることが出来て、1954年に第1回の自動車ショーを開催する運びとなり、大成功でした。日本が自動車を製造する存在であることを、国内のみならず、世界に向けて宣言する大仕事になってしまったのです。それが今日の東京モーターショーなのです。おかげでモーターショーのマークまでデザインするという光栄に浴しました。

私はその自動車ショーに出品する車に変化を付けるため、ダットサン・スポーツカーを宣伝課が独自の考えでボディを社外に外注して作り、ショーに出すことに、会社から許可を得ました。そうしてダットサンDC3スポーツが誕生したのです（1952年）。こんな事は初めてのことでした。これは、当時進駐軍が持ち込んでいたスポーツカー、MGのボディに倣ってダットサン・シャシーの上に架装したもので、板金作業は太田祐一さんの秘術を尽くした作品でした。その出来映えは、本社が後に150台の製作を注文するほどの好評を博して、この車が戦後日本のスポーツカー誕生の幕を開けたと言うべきでしょう。（車のボディはそれまでは、腕の良い板金工から成長した下請けの町工場がほとんどを製作するのが当たり前でした。）その後日産には、スポーツカーを作る気運が再生し、フェアレディの誕生につながって行くわけです。

かく言うのも、日産自動車には草創期の1935年から、社長鮎川義介氏の創意の中にはコンベアラインに乗せてスポーツカーを作る考えが既にあったのみならず、1936年にはスーパー・ダットサンと呼ぶレーサー2台が作られて（エンジンは750cc級のDOHC型で特別に設計され、スーパーチャージャーは英国に注文して取り寄せた）、多摩川河川敷のレース場で優勝して（1936年）商工大臣賞を獲得しています。しかし惜しいことに、このレ

Datsun 210富士号(オーストラリア一周ラリー、Aクラス優勝車／1958年)　日本における国際的なモータースポーツ活動の始祖となった。

ーサーは戦火で消失してしまいました。

その当時の製品項目には、セダン、フェートン、ロードスター、クーペ、バンという多彩な車種を製作する計画があり、1937年には私もロードスターの分譲を受けて、入社早々からダットサン・ロードスターのある生活を楽しむことが出来て、以来ダットサンに乗り続けています。

オーストラリア・ラリー

私は1958年(昭和33年)に催されたオーストラリア一周ラリー(モービルガス・トライアル)への参加も企画して、たとえ勝てないまでも、この戦車のように丈夫なダットサン210セダンなら、オーストラリアの大地を走り通すことが出来るだろうと考えたわけです。実際に走ってみると予想以上によく走り、結果として参加車2台とも完走して、富士号がAクラス(1000cc以下)で優勝し、桜号が4位という成績を挙げました。その後国外の自動車レース等に目覚めた日産は、世界中のラリーや競技に転戦する機会を狙って好成績を挙げますが、これがNISMO誕生の発端となったのです。

このような経験から日産の首脳部は、国外の自動車レースに参加することが会社の宣伝のみならず社内の士気高揚に大いに役立つことを強く認識することになり、会社独自でスポーツカーの設計が始まり、ダットサン・スポーツの製作へと続くのです。

初めはグラスファイバーのボディで新しい試みをしましたが、その頃はまだ素材が不安定で、大量生産のボディには適せず、再び鋼板に戻りました。さらに進んで、ハードトップの取り外しが出来るスポーツカーが生産され、アメリカにおいてもかなりの成績で売れていたのですが、スポーツカーに対する考え方が、見る人と乗る人とでは違うので、大変困ったことがありました。ステキなスポーツカーというものは、外見なのか、運転した心持ちの良いのが良いのか——私は外見よりも運転し易い車、質を選びます。カッコイイなんて女の子の前で賞賛を得るが運転しにくい車は要りません。車は停まっている時の姿ではなく走っている時の姿が美しくなければなりません。例えば欧州の高級スポーツカーのように、空力が何のかんのといった理論でもありません。ウィンドシールドが倒れ過ぎてガラスが天井まで来ているような馬鹿馬鹿しい形は頂けません。感覚の相違なのですが、私の決定は、日産がスポーツカーを輸出して大量にアメリカで販売するにはクローズドタイプのスポーツカーという主張で、フェアレディからZの構想に取り掛かりました。

宣伝という部署は、積極的な活動を心がければ大変広範なそして貴重な体験のできるところで、会社の運営にとっても大変重要な部署であることを身をもって体験しました。会社にとっては今日のCOO(副社長クラスの最高執行責任者)級の仕事場なのに、チンドン屋などと蔑んだ昔の人達は何を考えていたのでしょう？

SCCJについて

スポーツの話が出たついでに、スポーツカー・クラブについて一言すれば、私達のクラブは、組織されたスポーツカー・クラブとして今日に至る歴史が戦後最も古く、私自身にも深い関わりのある日本スポーツカー・クラブSCCJの事です。

敗戦から間も無い1951年に占領軍将校によってSports Car Club of Japan(日本スポーツカー・クラブ)が組織されました。その中には戦前から輸入自動車界の大先輩でモータースポーツに特別に理解の深かった野沢三喜三氏を始めとして私片山豊や、三崎矩光、山口孝五、松林清風、佐藤健元の諸君が招請されて会員となりスポーツ行事に重要な役割を果たしていました。1954年には私が会長に推薦され、ここに戦後日本のモータースポーツ・

クラブの再生が兆していたのです。1955年になってSCCJの組織を再編成して、従来の占領軍関係だけのSCCJではなく広く一般に公開して会員を募集し、名実ともに日本スポーツカー・クラブ（SCCJ）が誕生したのです。

もちろんメンバーの中にはベテランのスポーツカー・ドライバーがいて指導に当たりましたが、多くのメンバーが初めてスポーツカークラブに参加するような時代ですから、先ず、スポーツカーとはどんな車か、スポーツマン・ドライブとはどんな事をするのか、スポーツ競技とは何か、全てお互いが学ばねばならないような状態でした。

今でこそラリーもジムカーナも日本語になってしまいましたが、当時は原語から説明して、具体的に体験が必要でした。もちろんスポーツカー・レースに関する規則なども無かったので、今日のスポーツ規則の原典の翻訳、制作等、随分大変な仕事がありましたが、進歩発展して行く自動車工業のおかげで、スポーツ活動も急速に展開しました。

しかし自動車メーカー自身は、自動車そのものの開発製造に懸命でモータースポーツ等には関わる時間も無く、スポーツカー・クラブ活動などは、外車の単なる遊び事ぐらいにしか評価していませんでした。

ところがダットサン210が第6回オーストラリア一周ラリー（1958年）に参加して、初めて素晴らしい成績で優勝したことにより、日本製の自動車が、世界の自動車界、スポーツ界で認められたばかりでなく、日本の自動車メーカー自身がスポーツカー活動の宣伝効果について、驚くばかりに気がついたのです。ですから1958年は自動車メーカーのモータースポーツ開眼元年と言っても良いでしょう！！　ところが、それ以後に始まる自動車業界では世界の自動車イベントに競って参加し勝つことだけが目的になり、宣伝競争に猛威を振るい始めました。これは本末転倒と言わねばなりません。

モータースポーツ・クラブ活動はその結果ではなく、結果の成績が良いに越したことは無いのですが、イベントを考え、準備をし、参加する事と、その経過を、メンバー自身が充分楽しむためにあるので、集めた優勝カップの数だけではないはずです。SCCJ、日本スポーツカークラブは1951年以来、以上のような経緯と考え方をして活発な活動を継続しています。

アメリカに行く

私のアメリカ転出は1960年3月のことでした。すでにダットサンは、試験的ではありましたが、西部は丸紅に、東部は三菱商事に輸入販売一切をお願いしてあり、それぞれの商社が販売店を設定して、アメリカ全土に販路を拡張してゆく契約が出来ていました。

私の仕事は、ロサンゼルスにおいて西部13州の丸紅の市場を調査することで、販売その他販売店に対する口出しは一切するなと言われていました。しかし、到着の途端に西部市場で見せつけられたのは、あれほど優秀だと思いこんでいた欧州の名車達が、荷揚げの港に厚い埃を被って、畑に取り残されて腐ったキャベツのように、見渡す限り累々と並んでいる光景でした。オースチン、ルノー、トライアンフ、フィアット……すでにタイヤはひび割れ、ビニールの内張りは破れ……私はアメリカに到着早々港に置き去りにされた車の悲哀をまざまざと見せつけられたのです。それに引き換えフォルクスワーゲンだけは、船が港に何百台か運んできても、その次の日にはどこへともなく引き取られて行く様を感慨をもって眺めたのでした。それこそ、なぜだ！！！という思いでした。

たしかに、第2次大戦中に工業生産を戦争に集中したためアメリカでは民間の自動車が不足して、終戦間際にはどんな車でも引っ張りだこで飛ぶように売れていたのです。ところが、私がアメリカに到着した1960年にはもはや、自動車をただの消費財としか考えなかった無知なエージェントが慌てた素人考えで輸入した車達は、メーカーにもお客様にも見放されていたのです。車はどんなに高級車であろうと、サービスと部品の補給を受けられなければ役に立ちません。故障が直らない車は鉄屑も同然です。輸入自動車の信用がVW以外はガタ落ちだったのです。その生きた証拠を目の前に見せつけられたのでした。

これは、私がアメリカに来て本当に間もない時でしたが、思い当たることが胸にこみ上げてきました。それはＶＷだけが多くの欧州高級車、スポーツカーの中で港に休息する暇もなく売れて行く理由がピーンと来たからです。あの豪州ラリーでＶＷが10,000マイル（16,000km）を何事もなく走り抜け、最優秀

Datsun Sports Car (SPL310／1964年)
米国版カタログより

の成績を挙げた現場を見ていたからです。とりもなおさず、VWは要所要所で完全なサービスを行ない、随行のバンが影の如く付き添っていたから栄誉を博し、ラリーで名を上げ、そうした徹底したサービス体制が販売につながっていたのです。まことにドイツ的な組織で、準備のよさに感心したのですが、その手法がアメリカにも車の輸出とともに付いて来て効果を発揮したからこそ、VWの秘密と言われる驚異的な成功を収めていたのです。

そこで私は、総合商社のような自動車を知らないエージェントに車を販売してもらうなんてことでは到底ダットサンの販売は成功しないと考えたので、社命である市場調査などを今するよりも、本社にメーカー自身で直接販売活動をすることの重要性を縷々説明し、米国日産自動車の創設を建言して、商社のような代理業者に販売委託することを中止して自分で売ってみる決意を固めました。これは社命にも反することですし、また日本の二大商社から本社との契約を取り上げようというのですから、勤め人としては大変勇気の要る決断でした。しかも当時は海外商社というのは、日本の大蔵省の代理業まで兼ねたような権勢を持っていましたから、大変な力を持っていたのです。

しかし独自に販売網を構築したことによって、1977年に私が米国日産を退職する時にはVWを追い抜き、全米輸入車の中で首位を占めたばかりか、多くのVWディーラーがダットサン・ディーラーを希望するようにマーケットが変わってきました。さてそうなると、今度は車の補給に本社の生産能力が困難を感じ、出先の米国日産はディーラーの希望者があっても販売拡張ができずに、しばらくの間は販売店の増加もできずに足踏みをしていなければならず、残念でまことに惜しい思い出が残りました。

もっとも、販売を自分でやると言い出しても、初めは何から手を付けるか……。言葉さえ不自由な所で、日本では有名なダットサンでも、アメリカでは認知されていません。行商のようなことをして、街の空気を吸い自分を周囲に慣らしてと、何事につけ自分から発動するより他にありませんでした。初めは1台ずつ運んで、見てもらい、頼りない批評や腹の立つようなことを言われても、じっと自分を抑えて我慢をして、相手の話を聞いて歩く。こんな事を繰り返すうちに、だんだん言葉が分かってくる、人の言うことはよく聞くものだという事を充分学びました。

車を売りたいならそこに置いて行け、売れ

米国日産社長時代の筆者（社長室／1973年）

輸送船から上陸するDatsun Z

たら金を払うと言う。仕方なく車を置いて帰った夜は、置いてきた車が心配で、眠れないこともありました。また、そんなことには慣れていると思っていたアメリカ人のベテラン・セールスマンでも、うまく騙されて車を失ったケースもありました。しかし、自分で考えてみてベストと思う時には、やってみるより他に方法はありません、俄然やってみることです。そんな経験をしている間に、大変幸運にも、私の経験では the best と言えるセールスマンが、ある日私のところに訪ねてきたのです。もちろん会っただけでは、人は判るものではありません。しかしこれはと感ずる、なにか判らない胸騒ぎが、良きにつけ悪しきにつけあるものです。その人を私の予感でピタリと定めたのです。私がそのセールスマンを採用すると決めたその夜、面会中は気が付かなかったのですが、家に帰って目を閉じていると、彼の指にメーソンである金の指輪が光って見えたのです。メーソンは秘密結社という訳語の響きによって日本では誤解をされていることもあると思いますが、もともとは古く英国で始まった石屋さんたちの結社で、困った人々に人知れず助けの手を差し伸べるといった、ボランタリー活動をするグループです。ですから、信頼に値する人達だと私は考えていました。私には瞼に浮かんだ光景が何かのインディケーションのように思えて、その夜安心してそのまま眠れました。そのセールスマンは私の予感どおり誠実で販売活動の基礎作りを助けてくれました。そこからは急速にダットサン販売の道が拓けていったのです。彼は生涯私の相談役でした。人を見ること、感ずること、自分を信ずること、そして決断の大切なことを、車を販売しながら教えられました。

車の輸送

車の販売数が少ない時は、車の輸送もその船も惨めな姿でした。安い輸送船で車を運ぶために、到着の期日も不正確で、海難もあり、車の損失も予想しなければならず、海員のストライキ、埠頭のストライキなど、販売関係以外の配慮だけでも大変な苦労が続きました。それでも車が売れ始めてくると、色々な都合がそろって良くなってくるものです。ダットサン専用の輸送船が出来ると、注文した車が期日どおりに到着するし、無傷で修理の必要

Datsun Sports 1600 〔1960年〕

もなく、間接費を省くことが出来るばかりでなく、お客様に真新しい車を、完全なサービスでお届けすることが出来ました。

　横腹にDATSUNと描かれた大きな新造の専用船が堂々と港に入って来る時の光景は全く壮観で、何とも言い尽くせない歓びでした。しかも運ばれてきた数千台のピカピカ輝いている新車ダットサン群が荷揚げされ、整備されて、続々搬送されて行く姿は形容することの出来ない満足感を与えてくれるものでした。それを見る頭の奥では、アメリカに渡って来て直ちに目にした、港に置き去りにされ、埃と太陽熱に焼かれた数千台の欧州車のあの情けない姿が重なり合って、密かに警告を発しています。束の間の歓びと安らぎ！！　しかし順調に展開している明日の販路を考えて、

また勇気が出ます。自動車の販売活動に休みは全くありません。ただ自分の健康だけが、悩みと歓びの大海を渡る原動力です。

自動車のサービス

　私は自動車というものは、まことに便利だが、また考えようによっては大変厄介な代物だと思っています。大きな図体をしていて、ほんの一部が具合悪くても動きがとれない。自動車は重い鉄のドンガラと鉄の塊のようなエンジン、ミッション、走れなければ屑鉄の価値もない。そういう車に魂を入れて走らせるのがサービスだと考えています。したがって、車は人の体と同じで、充分な面倒を見なければ思うように走ってくれません。しかし、よく面倒を見ると、意外に効果があるものだ

と体験しています。

　車の販売手続きが済んで、お客様に車を渡した次の瞬間から引き続き、事故が発生するかも知れない、新車だからこそ充分注意……と、私は販売店のサービスはそこから始まると常に注意しています。無事故で長い間走っている車でも、いつ事故が起きるかも知れません。ダットサンを販売するに当たり私は、サービスの万全を期して待機することにしました。車のメンテナンスとは、全く人間の健康と同じように考えることが本命ではないでしょうか？

新しいスポーツカー、Z

　第1回の日本グランプリで勇名をはせたダットサン・スポーツは、田原源一郎がクラ

BREのピート・ブロック氏と片山豊氏（左）。

ス・チャンピオンでした。それまではアメリカ日産のメカニック達は廃棄される車を分解して、手製のレーサーを組み立て、休日になると付近の草レースに参加して楽しんでいましたが、SP、SRと進歩するにつれ、それらがスポーツカー販売の先駆としてアメリカ日産にも姿を見せるようになってきました。たしかにスポーツカーと呼ばれるとアメリカ人達は身近に車を感じて血が沸いてくるのを見て、やっぱりこれだと強く感じたので、次第にその雰囲気を育てて行くことに心掛け、ス

ポーツカーが到着する前から、持ち前の好奇心をあらわに出して、むしろ積極的に付近でレースがあればセダンでもトラックでもレースに対応できるように準備をして参加するように奨励することにしたのです。これによって社内は沸き返り、皆の顔に元気な面持ちが出てきました。

ディーラーにはお客様達にスポーツクラブを作らせてそれぞれの活動を応援する仕組みと、その相談部署の設置をして、静かなスポーツカーブームがアメリカ日産にも起こりま

した。やっぱり車の販売にはフラッグシップが大切だと強く感じて、現在のZカーの基礎が出来たのです。1967－69年には度々本社に帰って、原禎一設計部長を始めとして松尾良彦君達デザイナーのグループと、私の欲しい車のイメージを直接話し合いを続けることが出来たのは、Zの誕生にこの上もない幸運なことでした。

アメリカでは私のことをZの父と呼んでくれて、大変光栄に思っていますが、デザインに関しては鉛筆の線一本引いたわけではなく、

The Datsun 240-Z is not exactly what you'd call a common sight.

Those who've been able to get their hands on one are a fortunate few. They report being the center of attention wherever they park. Their biggest problem is keeping the fingerprints wiped up.

At first we figured it was a combination of a new car and glowing reviews in car magazines. But now the car has been out a few months. The car books have used all their adjectives. And the Z-Car is still drawing crowds.

There's only one explanation left. Our sexy GT car with its 150-horsepower overhead cam engine and four-wheel independent suspension just plain turns people on. And with a price of $3,596* (complete!) we've boggled some minds that could never afford to be boggled by a GT car before.

So join our minority group. If you're thinking of a GT, do yourself a favor.

Drive a Datsun...then decide.

DATSUN
PRODUCT OF NISSAN

Datsun 240Zの広告

Datsun Pickup。Zと並び高い人気を得たモデル。

ただ、あんな風に、こんな風にと身振り手振りで、何となく気持ちを伝え、オーケストラの指揮者の気持ちで棒を振っているうちに、これではどうか？それともアレか？と尋ねられるままに、お客様の気持ちを背に感じつつ設計部に注文したというのが、ほんとのところでしょう。美味しい食事をお母さんが、あれこれと心配して作る台所まで乗り出して、甘く、辛くと注文し、サテ出来上がったご馳走に文句を言うのは大抵お父さんですが、Ｚの場合は、出来上がった時には本当に美味しく出来ていたので、私は大満足で、そのままお客様にご披露してしまいました。それがお客様の好評大評判を頂き、Ｚの名が世界中に広がり、販売の先頭に立っていた私がお父さんということになりました。したがって、原さんを始めとして松尾君達はＺのお母さんというわけです。

ダットサン240Zを想う

とにかく、240Zの誕生に当たって、販売を担当する者としては、設計の始まりから図面、クレイモデルまで見せられていたのですから、他の車とは違って特別に力が入ってしまい、販売する責任は担い切れないくらい重くなってしまいました。しかし、どんなかたちで、アメリカに今まで輸入されていた欧州製のスポーツカーの仲間入りをして、自分の力を発揮できるのか——いわゆる日本の小型車の範疇から数歩成長した自動車Zを、アメリカ市場に提供して互角で戦ってみたいという、大きな野望にも似た夢が、私を支えてくれたのです。

それだけに初めから車に対する注文は厳しく、ソフトトップは要らない、4人乗りも要らない、2人乗りのクローズド・タイプだけと断定して、身軽で、とにかく初めは単一車種に絞るという注文を本社には押し通しました。本社からは何回か、駄目を出されましたが、遂に自分の主張でがんばり通してしまいました。

当時はダットサン510（ブルーバード510）が飛ぶように売れて、販売店も顧客の反応も我々の方を向いているような気がしてかなり強気で、ダットサン510の波に乗って240Zは必ず売れるという自信が強くありました。また240Zは510乗用車の上級車種としての機構にも全幅の信頼を掛けて売れるとの確信があったので、当初の2000台のアメリカ向け割り当てにはいささか不足を感じました。

したがって、発表の初日から大好評で、月販2000台の予定を大きく上回る3倍の月当たり6000台の販売が直ちに目論まれたことは、空前絶後と言ってもよい成績で、我ながら愕きました。希望販売価格が3600ドルという、アメリカでスポーツカーと呼ばれるカテゴリーには無い破格の値段だったので、販売店によっては、Ｚにあらゆる付属品を付けて10,000ドルの正札を付けて店頭に並べた店もありました。それがまた評判になり、連日大勢の客を集めることが出来たという、予想もしていない役目も果たしていました。

商品として、販売店にも顧客にも歓ばれたこのような車は、私の生涯を通じて経験したことがありませんでした。私が会社を退職して20年あまりを経た後に、お客様達によって組織されたＺクラブのグループから240Zの誕生25年の記念式典に招待されて、Zの父と呼ばれるなどとは、1995年のその時まで夢にも考えたことはありませんでした。

しかも、ダットサンの名がメーカー自身の手によって抹消され、車の販売が途切れようとしていても、今日その名声がアメリカばかりでなく世界でダットサンの名とともに生きていて、今やビンテージカーとして一層楽しまれようとしていることは、本当に自動車セールスマンとしては冥利に尽きるというものです。

私のスポーツカー論

ここでスポーツカーに対する私の考えを述べておく方が良いと思います。実は、私にとってのスポーツカーは、車であればどんな車でもスポーツカーであり得るという事を前提にしておきましょう。乗る人の気持ちで、極端なことを言えば、トラックでもスポーツカ

アメリカで愛用していたDatsun 240Z。ロングノーズはZのバリエーションとして部品販売のデモ用に取り付けて乗っていました。ボディカラーの明るい黄色はカリフォルニアでは強烈な輝きがあり、私の好きなカラーです……と片山豊氏が語るMr. K's Datsun 240Z

Zファンの要望に応え再生（レストア）されて販売したDatsun 240Z。1997年当時、販売価格は25,000ドルと発表され、ディーラーの保証が付けられた。

ーだと強弁できます。もちろんSUV（スポーツ・ユーティリティ・ビークル）なんていう車が今日あるのだから、説明を必要としないでしょう。私は戦争中ダットサンのバンをスポーツカーとして乗り回していました。ただ、商品として区別するなら、やはりソフトトップの2人乗りが最右翼で、次にグランツリスモがスポーツカーの形として代表されると考えます。もちろんそれなりに車体とバランスのとれたエンジン、駆動装置、ブレーキ、サスペンション等々快適な走りに適した内容が揃えば、それに越したことはありません。しかし、スポーツカーの本当の意味は、それを駆使する人にあることを忘れてはなりません。だからスポーツカーと呼ぶのではないでしょうか？

したがって、レーシングカーとは全く別のカテゴリーにあることも忘れてはなりません。スポーツカーは運転席が快適で、乗る人の体に無理のない、充分なゆとりと充分な空間が与えられ、長時間のドライブにも耐えられる作りが要求されているはずです。もちろん車体の姿は、馬で言えばサラブレッドのように美しい無駄のない自然な姿が要求されていると考えます。そんな要求に応えた車がダットサン240Zで、1970年に日産が応えていると思うし、それだからこそ、発表以来絶賛を受けて1970年から1980年まで記録的な販売を続けることが出来たのです。

もともと我々がスポーツカーを作ろうとした時点では、アメリカ製のスポーツカーに対しては、何の競争意識もありませんでした。ただし1961年の暮れにムスタングのクレイモデルを見た時には、その細身で軽快な4シーターの姿には驚きました。これが小型車としてダットサン乗用車と競争になっては困る、値段も1800ドルだというのです。しかしそれは全くの裸値段で、もちろんヒーターは無し、スペアタイヤもバックミラーも無しというのは冗談にしても、当時のアメリカ車の値段は実際に買う段にならないと本当のことは解らなかったのです。したがって1800ドルと言っても、実は2400ドルぐらいになるので、我々の敵ではありません。その頃はダットサン310セダンは店頭価格が1666ドルでしたし、それも完全に付属品を付けた値段でした。

その後ムスタングは寸法が段々伸びて大きくなり、アメリカでは小型に見えても、我々の車と比較することはあり得ませんでした。その上値段も段々上がって行きました。もちろん240Zが出ても、既にムスタングはダットサンのカテゴリーではなく、普通のアメリカ乗用車でした。特別にムスタングをレーサーに仕立てたものもありましたが、これは別物でした。

ポルシェとの比較ですが、ポルシェは値段が比較にならない高級スポーツカーで、競争の相手として考えていませんでした。しかし我々が何千台という数で240Zを販売するようになった時、相手は多少対抗することを考えたようです。ポルシェが924を出した時には、240Zを対象に考えたのでしょうか？　しかし我々にとっては競争相手ではありませんでしたし、お互いが競争意識を持つことも全くありませんでした。

オリジナルZの真価

240Zが爆発的に売れたのは、値段の安かったことも一因ですが、それが単に安いということだけではなく、車を求める人達の自分の手で容易に取り扱えることという要求に応えた車であり、車の機構とデザインが単純で美しく、多くの人達の求める夢を先取りしていたからです。それが240Zの評判を高め、その生命を永続させたことに他ならないと私は考えています。

実は全ての車にも同じことが言えるのですが、240Zがどんなに売れても、それを良いことにして機能やデザインを変えるために変えるのでは、車の進歩改良ではなくむしろ改悪で、失敗をします。人気の良かった車造りの哲学とその焦点を、車を造る人達自身がしっかり掴んで造っていれば、何も変更する必要はないはずです。世界のどの名車を見ても、その車が顧客から愛される特徴を知っている、自信のある大作であり、だからこそ、その車に大きな変革は必要以外に手を下していないのです。自信作にはそれに代わるものは絶対

"Mr. K" 片山豊　Yutaka Katayama, President of Nissan Motor Corporation U.S.A. from 1965-1977

にないはずです。
　車の形を変えて競争するために、他の車の真似をしようとするから、連鎖反応を起こして止まるところが無いのです。最近はオリジナリティのある車が少なくなってしまいました。それをコンピューターのせいにするのは詭弁です。その結果、顧客は目に見えない負担を強いられており、メーカーもお互いが社会的な損失をしているのです。これが自由競争の欠点かもしれませんが、何とかしてその競争の焦点を変えて、もっと自由に自分の主張を世に問う勇気を持ち、創意ある作品を発表して自由な競争が出来ないものかと考えさせられます。
　近年の最も良い例はポルシェです。ポルシェ社は一時期924や928によってあの有名な911を片隅に押しやろうとしたこともありましたが、色々迷った末に再び911を主力商品に戻したではありませんか。ジャガーも曲線的なスタイルに戻ってきました。ボルボもその形、主張を変えていません。後の人が目先の競争に迷って、あれこれ手を付けると決して良くはなりません。ポルシェの例は大変良い例だと思います。先人の名作をさらに磨き上げることこそ、大変な苦労であると思いますが、これがまた大変大切なことなのです。

アメリカを去る

　アメリカ日産の設立された経緯については既に述べましたが、私としては1977年以後5年間ぐらいはダットサンの行く末を見ていたいと思っていました。その理由は、1970年以

降ようやく勢いがついてきて、本当はそれからが勝負だったからです。1975年にはアメリカにおける輸入車販売でトップになっていましたが、その位置を固めたかったのです。販売店の質も向上し、行き届いたサービスも夢見たように整ってきました。出来るなら安心して後任の人にバトンタッチをしたかったという思いが残りました。

1977年になると、1935年以来日産の製品であったダットサンのロゴを消し去って全部ニッサンにしようとする石原社長の意向が伝わって来ましたが、私の愕きは何物にもたとえようが無く、全くその無謀さにあきれてしまいました。石原社長の考えは、日産自動車が世界制覇するためには、ダットサンの名がアメリカであまりにもたくさん売れて有名になったため、日産の株式を世界に公開販売するにも日産車の販売にも邪魔になるという理由によるものでした。日産の主力製品であるダットサンの商品名を消去し、ダットサン販売店の看板をニッサンに統一するという理由で、1980年には全アメリカの販売店の店頭からダットサンの看板は外され、商品名にもダットサンとは謳われなくなってしまいました。これでアメリカにおいて20年間販売されていた歴史を持つダットサンは、それぞれの車に付けられていた車別の名前が残るだけとなりました。日本の歴史的自動車名であり小型車の代名詞であったダットサンは、アメリカの全市場はもとより世界中から消滅されてしまったのです。私にはこの事だけで、アメリカに存在する理由がもはや無くなったのでした。

Zのその後

Zはあまりの好評に慣れてしまった結果として、デザインが所期の目標を遥かに超えてしまいました。モデルチェンジする度に高級化し、価格も上昇しました。しかし、それは失敗だったと言わねばなりません。今でもアメリカにはミアータ（ユーノス・ロードスター）のような小型軽量スポーツカーの市場があります。だからミアータは売れたし、姿を変えることなく多くの若者に愛され、既に50万台を突破しています。

もちろんZが最高級のZに上り詰めようとしたことは、車の作り屋としては仕方ない結論ではあったかも知れません。しかし超高級車の後を追い形もエンジンも変えてしまったのでは、ダットサン240Zの特徴を失い、せっかく成長してきたアメリカ市場のファンが希望するスポーツカーには応え切れなくなったので、日産は「マーケットが変化した」と言って、1996年にアメリカにおける販売を停止する破目になってしまったのでした。

しかしここで、アメリカのダットサンZ Car（ズィーカー）ファンは強かったと言わねばなりません。1995年には全アメリカのZカー・クラブがZカー誕生25周年の祝いを自力で結成し、アトランタに集合して強力な存在を宣言するとともに、日産東京本社に特使を送ってダットサン240Zの再生を塙社長に直訴しているのです。また米国日産はその熱意に感激して、1996年300ZXの販売停止に代わる240Zの再生販売によって、熱心なZカー・ファンに応える方策を建て直しました。このことはさらに、日産自動車の本社が1999年新年のデトロイトオートショーやニューヨーク・ショー等において改めて再生240Zを2002年に投入する決意を発表するまでに発展し、Zカー・ファンにとってはまことに喜ばしい結果となりました。新しい世紀には240の姿が研ぎ澄まされ、それこそ"サラブレッド"の再生誕生が期待されています。

これでZカーは次の21世紀まで生き延びることになりました。Zカー万歳、です。

Zカーはなんと言われようと、アメリカの青壮年達の普段着のスポーツカーで良いのです。誰でも気軽に買って駆使することの出来るスポーツカー、Zカーをアメリカの大衆は望んでいたのです。Zカーは1970－1996年の26年間に100万台のオーナーを獲得して、単独スポーツカー販売の世界記録を作ることが出来たのでした。アメリカの若いモーターファン達は、Zカーが新装なって再び21世紀の路上に現れるのを待ち望んでいます。

フェアレディの軌跡

Fairlady Story: The History of a Japanese Sports Car

II

三樹書房 編集部
MIKI PRESS

はじめに

わが国におけるスポーツカーおよびモータースポーツの歴史を振り返って見ると、その先駆の栄誉を担うのがダットサン・フェアレディである。メーカーの日産自動車がスポーツカーの製作に乗り出したのは、戦後駐留軍による自動車生産制限が解かれて間もない、いわばわが国自動車界が最大の逆境にあったときだった。

したがって初期のものは外国製スポーツカーとの間にいかんともしがたい懸隔をもっていたが、つぎつぎとハンディキャップを克服してスポーツカーという分野の基盤を築き、さらには世界最大のスポーツカー・マーケットであるアメリカへ月々何百台も輸出されるまでになっていったのである。

この間に何度も遭遇したであろう困難にもくじけなかったメーカーの信念と、きっちりと育てあげた努力は正当に評価され、十分に賞賛されるに値しよう。

ダットサン・スポーツの誕生

第二次大戦前のわが国には純粋の意味でのスポーツカーは1台もなかったといってよいだろう。ダットサンには本格的量産の始まった1934年型からランブル・シートつきのロードスターが作られ、オオタのロードスターやキャブリオレ（ボディ・デザイン太田祐一氏）とともに、辛うじてスポーツ風と呼べるものであったのが数少ない例外だ。しかしこれらはセダンとまったく変わらないシャシーにわずかにスポーティーなボディを架装しただけの、いわばセミ・スポーツカーにすぎなかった。

第二次大戦の勃発によりわが国自動車界はスポーツカーどころの話ではなくなり、最後は乗用車さえ中止されて戦時標準型トラックのみが生産された。やがて終戦。占領軍はアメリカ車と競合するという理由で乗用車の生産と禁止し、トラックに限り月産1500台という制限つきで生産を許可した。日本の自動車工業の過大評価に気づいた占領軍は、1947年6月に年間300台を限って小型乗用車の生産を許し、1949年10月には台数の制限を解いた。このストーリーの主人公日産自動車も、まず1946年に戦前型の4気筒SV、722ccのシャシーのフロント・トレッドを広げただけのトラックとバン型の乗用車で生産を再開、自動車メーカーとして息を吹き返した。

純乗用車の生産を再開したのは1948年で、トラックのシャシーに戦後のアメリカ製小型車クロズレーそっくりのボディを手ばたきで架装したデラックス・セダンがそれであった。ついで1951年にはジープスターとトライアンフ・メイフラワーを足して2で割ったようなスリフトと呼ばれるセダンも加えられた。この間に戦前1935年以来の722cc（35、36年は15ps、36年後期から16ps）エンジンは、860cc

1952年ダットサン・スポーツ DC3 <1952 Datsun Sport DC3> 戦前型のエンジンを860cc 20psに拡大しただけのトラック・シャシーにMG風オープン4シーターを架装した最初のダットサン・スポーツ。1951年12月16日に1号車が完成した。ホイールベース2.15m、車重750kg、3段ノンシンクロ・ギアボックス、マキシマム70+km/h。あまり売れないのでボディを下ろしてシャシーにし、トラックやセダンを架装して売ったところ、何かの拍子に注文が殺到し、下ろしておいたボディを再び生かしたが、今度はシャシーが足りず、戦前型の中古を用いたこともあるという。結局50台の計画で25台売った。

1957年ダットサン A80X <1957 Datsun A80X, considered as a prototype of Datsun Sport S211> ダットサン・スポーツS211発売の前年に作られた試作車で、明らかにそのプロトタイプである。ボディは既にFRPらしい。当時のダットサン210セダンと共通のハブキャップが、この車のシャシーの由来を物語っている。右手に見えるのは210の原型で1955年に登場した110で、背の高さはあまり変わらない。

に拡大され、20ps／3600rpmに増強された。

わが国初のスポーツカー、フェアレディの直接の祖先であるダットサン・スポーツDC3型は、実にこの860cc 20psのトラック／セダン共用シャシーの上に作られたのだ。当時の日産自動車の宣伝課には片山豊氏（後の米国日産社長）や松林清風氏がいた。両氏は自動車を単なる仕事としてではなく、趣味の対象とも考えていたエンスージアストで、片山氏は日本スポーツカー・クラブ（SCCJ）の会長も兼ねていた。これらの人々の努力と熱心な説得が会社を動かし、スポーツカーの製作に踏み切らせたのである。

設計には戦前、1938年にすでにオオタを去っていた太田祐一氏が起用された。シャシーは梯子形フレーム、前後ともリーフのリジッド・アクスル、サイドバルブ・エンジンという基本的に戦前から変わらない旧式なトラックとセダンに共通のものであった。コーチワークもスカットルまでは当時のトラックとまったく共通で、スカットル以後をオープン4シーターにしたものであった。波を打ったフェンダー、折りたためるウィンドシールド、インストルメンツ・ボードの周辺で左右2つに大きく盛りあがったスカットル、切れ込みのついた前開きのドアなど明らかにモデルは

当時のMG TDであった。ギアボックスは3段ノンシンクロのままで性能向上のための改造はまったく見られず、マキシマムもセダンの70km/hを数km/h上回ったにすぎず、ブレーキはいまだにロッドによる機械式であった。

スピードでもロードホールディングでもダットサン・スポーツはヨーロッパの新しい戦後型1ℓ級小型車、たとえばモーリス・マイナーやルノー4CVなどの敵ではなかった。しかしこの時点でスポーツカーを作ろうとしたメーカーの意図は高く評価されてしかるべきだろう。この最初のダットサン・スポーツは結局1953～54年ごろまでに約25台が生産され

1958年ダットサン・スポーツ S211 <1958 Datsun Sport S211> 当時の988cc 34ps、リジッド・アクスルのダットサン211セダンのシャシーに、FRP製オープン4シーターを架装したもの。ホイールベース2.22m、車重765kg、4段シンクロメッシュ、マキシマム115km/h。このモデルから左ハンドルも作られ、ごくわずかずつ輸出も開始された。

1958年当時の国産乗用車勢揃いの中のダットサン S211 <1958 Datsun Sport S211 among the contemporary Japanese cars> スバル360、日野ルノー、いすゞヒルマン・ミンクス（尻尾しか写っていない）、トヨペット・クラウン、プリンス・スカイライン、ダットサン211、日産オースチンA50ケンブリッジ……これが当時の国産乗用車のすべてであった（トヨペット・コロナの代わりにクラウンが2台いるが）。

左：1959年3月のロサンゼルス自動車ショーに初出展されたダットサンS211 <1959 Datsun Sport S211 at Los Angeles Import Car Show> まだ右ハンドルのままだ。

右：1961年ダットサン・フェアレディSPL213 <1961 Datsun Fairlady SPL213 at Tokyo Motor Show> 1960年秋の東京モーターショーでデビューした時のスナップ。この型からは対米輸出が中心とされたので、左ハンドルで東京ショーに展示された。

た。スポーツ・イベントでは1952年1月に千葉県茂原の旧茂原飛行場で行なわれたスポーツカー・ロードレースに参加して上位に入賞したほか、主にSCCJのレース、ラリー、ヒルクライム、コンクール・デレガンスなどによく参加した。

沈黙　そしてフェアレディへ

ダットサン・スポーツは、しかし後がつづかず、長い沈黙の時代がくる。この間にも乗用車はデラックス・セダン、スリフト・セダン、ステーションワゴン、ワゴネット、4ドアのスリストなどが年々目まぐるしくモデルチェンジを繰り返していた。それはあたかも戦後の日本の自動車工業の混乱を示すかのような、暗中模索のありさまであった。そして1955年、一時期を画する傑作110型セダンが生まれてこの混乱に終止符を打つのである。佐藤章蔵氏がそのデザインで毎日工業デザイン賞を受けたモダーンな4ドア・セダンは、シャシーこそ戦前来の旧式な梯子形フレーム、非独立懸架であったが、4気筒SV860ccエンジンは25ps／4000rpmに強化され、ギアボックスは4段のシンクロメッシュつき（1速を除く）となり、85km/hが可能であった。

110型は年々マイナーチェンジを受け、1956年にはコラムシフトの113に、58年にはウィンドシールドに曲面ガラスを用いた114に発展した。この114型のシャシー、ボディにオースティン国産化の成果を生かした4気筒OHV オーバースクエアの988cc 34ps／4400rpmエンジンを搭載して性能を向上させたのが210型だ。フェアレディ物語はこの210の誕生により再び始まるのだ。1958年夏、この210型988cc 34psのシャシー上に再びダットサン・スポーツS211型が製作されたからだ。

設計はこれも太田祐一氏で、モダーンな流線形オープン4シーター・ボディは日東紡製のFRP（ファイバーグラス強化プラスチック）であった。自重が210セダンの925kgに対して765kgと軽く、ファイナルレシオが5.57から4.87に高められていたので、マキシマムはセダンの95km/hに対して115km/hと大幅に引き上げられた。セダンはリモート・コントロールのコラムシフトであったが、スポーツはトラックのような曲った長いレバーによるダイレクトシフトであった。ダットサン・スポーツS211は1958年秋のショーに出品され、翌59年から少数ながら市販を開始、左ハンドルの車も作られポツリポツリとアメリカへの輸出も始められた。しかしそれは正直にいって実力が認められたのではなく、珍しがり屋の物好きが買ったにすぎなかった。

再び乗用車に目を移すとダットサンは1960年6月にまったく新しいシャシー、ボディをもったブルーバード310（988cc 34ps）、P310（1189cc 43ps）に発展した。ブルーバードはエンジンを除いては旧ダットサンとはまったく無関係といってよい車で、フレームはクロスメンバーの少ない、幅が広く、深さの浅いフレキシブルな梯子形で、ボディと組み合わせてモノコックと同様の高い剛性を得る方式であった。フロント・サスペンションはこのブルーバードで初めてコイルとダブル・ウィッシュボーンの独立になった。ボディ・デザインはこれも佐藤章蔵氏であった。乗用車がブルーバードに発展したのに伴い、ダットサン・トラックもモデルチェンジを受け、エンジンは1189ccに、フロント・サスペンションは縦置きトーションバーとダブル・ウィッシュボーンになった。

その前年、セダン、トラック共用の古いシャシー上に新設計されたボディはブルーバードのシャシーとは寸法その他の点で合わないので、1960年に発表された新型ダットサン・スポーツSPL212はトーションバーのトラック・シャシーを用いた。同時にボディは量産に不向きなFRPから鋼板に改められ、その結果、車重も885kgに増加した。1189ccのエンジンはブルーバードの43psに対して48ps／4800rpmにチューンされており、マキシマムは132km/hに向上した。このモデルからは、4段ギアボックスのフロアについたシフトレバーも、リモート・コントロールの短かいスポーツカー的なものになった。この車はちょうど訪米の旅から帰った川又社長の提案により、フェアレディ（Fairlady—当時はフェアレデーと書いていた）と名づけられた。これは川又社長がブロードウェイで見て感激したミュージカル"マイ・フェアレディー"に因んだものだという。このころのフェアレディは主に輸出用で、SPL212のLは left hand drive すなわち左ハンドルを示している。

翌1961年にはSPL212は1189ccのまま60ps／5000rpmに大幅に出力を増強され、SP213フェアレディになった。出力の向上に

右：1961年ダットサン・フェアレディ SPL213 <1961 Datsun Fairlady SPL213>
1960年にセダンがブルーバードとなるとき1189cc、前輪トーションバーの独立懸架になったトラック・シャシーを用いた最初の"フェアレディ"。ボディはFRPから鋼板になった。ほとんどが写真のような左ハンドルのSPLで、アメリカへ輸出された。ホイールベース2.22m、車重885kg、4段シンクロつき、マキシマム132km/h。

右下：1961年ダットサン・フェアレディ SPL213 <1961 Datsun Fairlady SPL213>
見るからに腰の高い、ぼってりとしたデザインで、これを本場アメリカへ輸出したのだから、今考えると冷汗ものだ。だがメーカーの、スポーツカーを輸出して実用車の人気を高めようという狙いと意欲は、高く評価されてよいだろう。

下：1961年ダットサン・フェアレディのコクピット <Cockpit of 1961 Datsun Fairlady> コクピットは一応スポーツカーらしい体裁と雰囲気をもっていた。が、ステアリングホイールはセダンのものだし、2個のメーター（右は140km/hまでのスピード、左は集合でタコメーターはない）も他からの転用だ。それでも4段ギアボックスを操るシフトレバーはリモート・コントロールの短いものになっている。

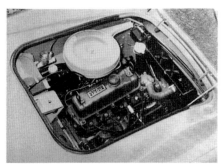 

1961年ダットサン・フェアレディSPL213のフロント・サスペンション <Torsion bar ifs of 1961 Datsun Fairlady> 縦置きトーションバーとごつい上下のウィッシュボーンによる最初のフェアレディの前輪独立懸架。まだボール・ジョイントにはなっていない。トーション・スタビライザーがついている点に注意。フレームはまだトラックと共通の箱形断面梯子形という旧式なものである。

左上：1961年ダットサン・フェアレディSPL213のエンジン <Engine of 1961 Datsun Fairlady> 説明されなければ、これがスポーツカーのエンジンとは誰も思わないだろう。4気筒OHV、1198cc。1960年の最初のフェアレディSPL212では48ps／4800rpmであったが、61年のSP213では60ps／5000rpmまで高められた（当時のトラックは最初43psで後に55psになった）。いかにも吸入抵抗の大きそうな乗用車用エアクリーナー兼サイレンサーに注意。

1959年アルファ <1959 "Alfa" car, an experimental sports car probably on Datsun Bluebird 310 chassis previous to Fairlady SP310> 太田祐一氏のアルファモータース製の試作車で、当時試作が進行中であったブルーバード310のシャシーによるものではないかと言われている。この赤いロードスターは日産自動車のの実験部内では"アルファー車"と呼ばれていたと言われ、フェアレディSP310への重要なステップとなったものと思われる。(photo: H. Igarashi collection)

フェアレディ・プロトタイプ <One of Fairlady prototypes on Nissan's Oppama test track> 1961年、出来たばかりの日産自動車追浜工場テスト・トラックのバンクを抜ける、生まれたてのフェアレディ1200（？）。ここからフェアレディの輝かしい勝利の歴史が一歩を踏み出したのだ。

フェアレディ・プロトタイプ <Probably the earliest prototype of Fairlady SPL310> おそらく太田祐一氏のアルファモータースが日産のブルー・プリントに従ってシート・メタルから作り上げたフェアレディSP310の最初のプロトタイプ。この車が左ハンドルなのは明らかに最初から対米輸出用として計画されたものであることを物語っている。ボディはホイールカバーが異なり、三角窓がなく、テールの反射鏡がない他は最初の生産型とまったく変わらないが、驚くべきことにテールのオーナメントにはDATSUN 1200と書かれている。フェアレディSPL310は最初は1200ccとして計画されていたのだ。

下：フェアレディ・プロトタイプのコクピット <Cockpit of Fairlady prototype> インストルメント・パネルは灰皿、マップ・リーディング・ランプなどの位置がわずかに異なる他は生産型とほぼ同じだが、ステアリングホイールは異なり、シフトレバーもSPL213と同じで、明らかにエンジンが1200ccであることを物語っている。最初から3シーターの計画だったらしい。ご覧のとおり、巻き上げ式のサイドグラスは付いていない。

1961年フェアレディ1500 SP310 <1961 Fairlady 1500 SP310 at 1961 Tokyo Motor Show> 1961年10月26日オープンの東京モーターショーで初めて一般公開されたフェアレディSP310。この車で初めてセドリックの1500cc 71psエンジンを備えた。後の生産型と異なるのは、まだ巻き上げ式でないサイドウィンドーと、セドリック用のホイールカバー、グリルの筆記体のFairladyの文字、三角窓のないドア、バンパーについたオーバーライダーなどである。人々は国産初の本格的スポーツカーの出現を心から喜び、祝福した。

1962年ダットサン・スポーツ1500 SPL310 <Datsun Sports 1500 SPL311 first exhibited at 1962 New York show> 最大のねらいであるアメリカでの反響を調べるために1962年4月のニューヨーク・ショーに展示された対米輸出第1号車。ホイールカバーはまだセドリックのものだが、巻き上げ式のサイドグラスが付き、そのガイドを兼ねて三角窓（開閉できない）も付けられた。奇妙なことに日本のショーに出た右ハンドル車にあったオーバーライダーは肝心のアメリカのショーに出した車には付いていなかった。これは後の生産型ではもちろん逆になった。折りっぱなしだったフェンダーのオープニングにも張出しが付き、プレスになったことを示している。

本格派SP310フェアレディの登場

1961年秋10月、恒例の東京モーター・ショーを訪れた人々は、そこに、ターンテーブルに載った見慣れぬ1台の非常にスリークなオープン3シーター・スポーツを見て驚いた。そしてその車のライセンス・プレートにはまごうかたなき"ダットサン フェアレディ"の文字が書かれていたのだ。従来のあのひっくり返りそうなほど腰の高い、ボテッとしたフェアレディを知る人は思わずわれとわが目を疑ったに違いない。シルバー・グレーのメタリックに塗られた低い、スマートなボディは、MG Aやサンビーム・アルパイン、フィアット1500Sなど当時日本にもポツリポツリと入り始めていたヨーロッパの最新型1.5ℓ級スポーツにけっしてひけをとらなかったのである。

それは構造的にも、性能的にもいえることであった。この最初のSP310も設計は日産自動車の設計部（ボディは同部造形課）が行なったが、試作は太田祐一氏のアルファ・モーターが行なった。SP310という型式名称でもわかるとおり、この車はブルーバードP310のスポーツタイプとして設計されたものである。フレームは基本的にブルーバードの薄いフレキシブルな箱形断面梯子形で、ブルーバードのように剛性の高いボディと一体化してモノコック的な強度を得ることができないので、Xメンバーで補強されていた。サスペンションは前が強い後退角のついたダブル・ウィッシュボーンとコイルの独立、後が2枚リーフ（生産型は7枚に改造される）のリジッドで、これもブルーバードと共通であったが、低く、硬く改造されているのはいうまでもない。ブレーキは9インチのもの、ステアリングはレシオ14.8のラック＆ピニオンがそれぞれ新設計された。

エンジンは1960年春に発表されたセドリック1500の4気筒OHV、オーバースクエアの1488ccが流用された。エンジンの高さを低めてノーズを下げるためにキャブレターはダウンドラフトから日本気化器製のSU型、可変ベンチュリー、水平型が1個に変えられた。圧縮比は8.0のままで、数字の上では71ps／5000rpm、11.5kg-m／3200rpmとセドリックと変わらなかったが、異なったキャブレターとインレット・マニフォールドのためにトルク・カーブはスポーツ的になっていた。ギアボックスもセドリックそのままの4段・2、3、4速シンクロメッシュ（3.945／2.402／1.490／1.000）をフロアシフトに改造して備えていた。ファイナルはブルーバード1000とセドリック1500の5.125、ブルーバード1200と

もかかわらず公称値のマキシマム・スピードは132km/hと変わらなかったが、主に加速力が高められた。これと同時にブレーキが前ユニサーボ、後デュオサーボに強化された。この最初のフェアレディも本当の意味でのスポーツカーからは程遠いもので、輸出先のアメリカでも専ら主婦のお買物用などに使われていたらしい。それでもそのうちの1台は、1962年4月にアメリカのラスヴェガスで行なわれたUSSC（ユナイテッド・ステイツ・スポーツカー・クラブ）のスポーツカー・レースの女性部門で、ヒーレー・スプライトなどを破って勝った。

1962年フェアレディ1500 SP310 <1962 Fairlady 1500 SP310, the first production model> 1962年10月4日に85万円というおおかたの予想を下まわる価格で発売された最初の国内向け生産型。わが国初の本格的スポーツカーの栄誉を担い、その後のわが国のスポーツカー・ブームの基礎を築いた記念さるべき車だ。車重870kg、マキシマム150km/h、SS¼マイル20.2秒と性能的にヨーロッパの1.5ℓ級実用型スポーツに優るとも劣らなかった。

1962年フェアレディ1500 SP310 <1962 Fairlady 1500 SP310> 最初の国内向け生産型の後ろ姿。左のフェンダーミラーは最初は付いていなかった。

1962年フェアレディ1500 SP310のコクピット
<1962 Fairlady 1500 SP310 cockpit> ダッシュボードはいかにも生産車らしくすっきりと整理され、ステアリングホイールもレーサー・タイプの軽減穴を開けたT字形3本スポークのものになった。メーターは左から時計、180km/hまでの速度、6000rpmまでの回転（5200～5400がイエロー、5400～6000がレッド・ゾーン）、燃料、水温の総合（電流と油圧のウォーニング・ランプ内蔵）。同径のメーターが4つ並んでいて一瞥で読みにくい。なくもがなの時計が大きすぎて肝心の油圧計がないなどの批判も聞かれた。ウィンドシールドの上の縁に幌をひっかけるので中央にテンション・ロッドがある。

1962年フェアレディ1500 SP310 <1962 Fairlady 1500 SP310 with top up> 初期のトップは、コクピットの後部に格納している幌骨を出してソケットに立てて開き、それにキャンバスを張るものであった。それでも上げ下ろしはさほど困難ではなく、サイドグラスが巻き上げ式のため耐候性にも優れていた。

1962年フェアレディ1500 SP310のサード・シート
<Third seat passenger in 1962 Fairlady 1500 SP310> 初期の生産型フェアレディは2つのシートの後ろに横向き（輸出用も国内用もこの方向）のサード・シートが付いていた。しかしこのシートはドライバー・シートを狭めていたし、幌を立てると大人が3人乗ることはほとんど不可能で、自分で外していたオーナーが多かった。

セドリック1900の4.625に対し3.889まで引き上げられた。

　ボディはオール・スチールのオープンで、二つのバケットシートの後部に、右から左へ横を向いて座る1人分のスペアシートをもった3シーターであった。ダッシュには黒のビニールレザーの上に4個の大径のメーターが並んでいる。一つは6000rpmまでのタコメーター、隣は180km/hまでのスピード、一つは総合、もう一つは時計で、油圧計はなく、ウォーニングランプで済まされていた。このショーに出品されたプロトタイプはまだサイドカーテンを立てるようになっていた。車重は870kgで、マキシマム150km/h、SS1/4マイル20.2秒とMGA1500、サンビーム・アルパインなどとほとんど同じか、わずかながら上回る性能値が公表されていた。

　翌1962年4月のニューヨーク・ショーにはドアに固定式の開かない三角窓を新設し、捲き上げ式のサイドグラスをつけた左ハンドルのSPL310を出品、なかなかの好評を博した。

1962年フェアレディ1500 SP310のエンジン
<1962 Fairlady 1500 SP310 engine> セドリック用G型4気筒OHV 80×74mm、1488ccのキャブレターを（主にボンネットを低めるために）ダウンドラフトから日本気化器製SU型水平可変ベンチュリーにしたもの。圧縮比は8.0のままで、数字の上では71ps／5000rpm、11.5mkg／3200rpmと変わらなかったが、パワーとトルクのカーブは微妙に変わっていたといわれる。セドリック・エンジンはもともと独立吸気ポートをもっており、容易にツイン・キャブレターになるようになっていた。

これに力を得たメーカーはその年の10月4日、このフェアレディ1500を85万円（東京店頭渡し）という予想をはるかに下回る価格で発売した。しかもこの価格は捲き上げ式サイドグラス、シートベルト、時計、ラジオ、シガーライター、ヒーター、ウィンドシールド・ウォッシャーなどをすべて標準装備していたのだ。わずかに性能の勝るMG A1600 Mk II（サイドグラスは捲き上げ式ではない）がヒーターのみを装備して入札価格140万円だった当時のことである。フェアレディ1500はなかなか好評で、そのうちに輸出も始まり、オーダーしても2、3カ月待たなければならないということさえあった。

1963年5月3、4日、三重県鈴鹿山中に新設された鈴鹿サーキットで、わが国初のFIA公認、JAF主催の国際的なスポーツカー、ツーリングカーのレースが第1回日本グランプリの名のもと華々しく開催された。その11のレースの一つ、国内スポーツカー1300～2500ccクラスに、ダットサン・フェアレディは初めて参加した。田原源一郎の乗るフェアレディが単身、トライアンフTR3/TR4やMG B、ポルシェ356、フィアット1500Sの欧州勢に敢然と戦いを挑んだのだ。そしてフェアレディは、この初陣で大勝利を獲得したのである。外車勢がすべてプライベート・エントリーであったのに対し、フェアレディはメーカーの強大な援助を受けたファクトリー・エントリーに近いものであった。しかしそれにしても2ℓのTR4や1.8ℓのMG Bを破った実力は高く評価されてしかるべきだろう。

ツインSU クロースレシオに

第1回日本グランプリに勝ったフェアレディはエンジンがツインSUだったというのでレース後他のドライバーの連名でプロテストを受けるなど問題となったが、実はツインSU仕様の車は対米輸出用としてカタログモデルになっていた。メーカーはこのことによって受ける非難を回避し、併せて輸出仕様車を国内にも発売して欲しいという要望に応えるため1963年6月20日、フェアレディSP310をすべてツインキャブレター、クロースレシオ・ギアボックスのより高性能な新型へ切り換えた。

エンジンは基本的に従来どおりの4気筒OHV1488ccであったが、SU型水平キャブレターを2個に増し、同時にエアクリーナー、インレット・マニフォールドをより吸入抵抗の少ないものにし、インテークバルブの径を増した。さらにバルブ関係の材質も連続高速運転に耐えられるよう高級化した。燃焼室とピストン頭部の形状もより効率のよいものにして、圧縮比を8.0から9.0に引き上げ、エグゾーストも1、4番、2、3番ずつまとめてポートから1m近くまで分離し、排気干渉を避けた。これらのチューンアップの結果、出力は一挙に80ps／5600rpm、トルクは12.0kg-m／4000rpmへと向上した。

出力、トルクの向上、エンジンの高速化に伴ってセドリックと同じレシオだった4段ギアボックスも3.515/2.140/1.328/1.000と全体にレシオの接近した、いわゆるクロースレシオに改められた。これらの結果、マキシマムは155km/hになり、SS¼マイルの所要タイムは18秒そこそこという信じがたいものとなった。細かい点では冷却水のサーモスタットを効率のよいワックス・ペレット式に、ジェネレーターをオルタネーター（交流発電機）に変え、スターターモーターをマグネティック・シフトにするなどの改良が行なわれた。ボンネットを開ければ2個のSUキャブレターと新しいアルミ・ダイキャストのロッカーケースが（従来はセドリックと同じプレスもの）、外観上はテールのエンブレムがDATSUN 1500（従来はDATSUN）になったことが新型であることを示していた。価格はわずか3万円プラスされただけで、東京で88万円になったにすぎなかった。

1963年の11月30日にはフェアレディ用のデタッチャブル・ハードトップも8万5000円で

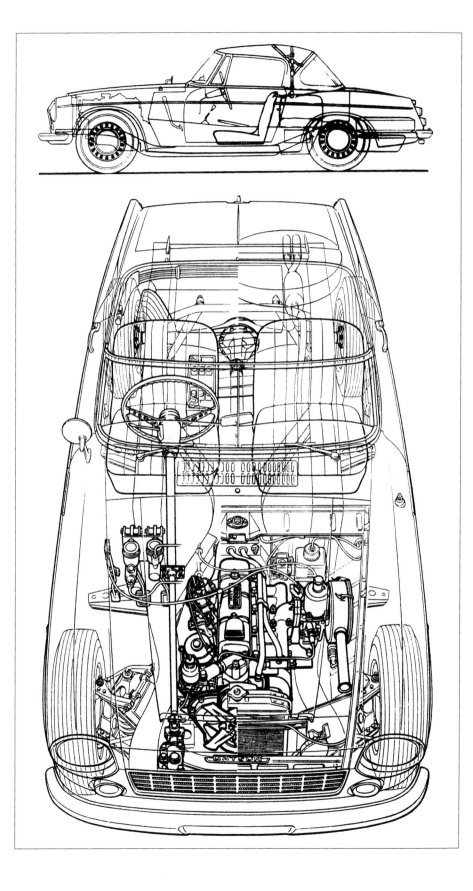

発売された。1962年の東京モーターショーにも展示されていたもので、幌とは別に取り外しができるファイバーグラス強化プラスティック(FRP)製が発売されたのだ。これをつければ耐候性は完璧でヒーターの効果も高まり、空気抵抗が少ないのでレースにも向いた。

さらに年が明けて1964年3月9日、第2回日本グランプリを目前にして2種のレーシング・キットが発売された。すなわちキットAは2個のウェーバー・ダブルチョーク・キャブレターをつけるためのコンバージョンで(このキットにはキャブレターそのものは含まれない)、エアクリーナー、インテーク・マニフォールド、オイルクーラーとオイルポンプからなり、価格は57000円。これを装着する場合にはキットBと組み合わせなければ効果がない。キットBはそれだけ単独に取りつけてもチューンアップできるもので、異なったシリンダーヘッドにプロフィルの異なったカムシャフトをもち、オイルパンも別のものになる。キットBのみでは36000円である。通常路上で使用する場合にはキットBで充分で、レースに出るためには36000円のキットBと57000円のキットAと組み合わせれば(計93000円)、高度なレーシング・バージョンになるわけだ。

1964年の第2回日本グランプリのGT1000～2000ccクラス・レースには30台の参加車のうちに、実に14台のフェアレディがいた。しかし西ドイツから空輸されてきたたった1台のポルシェ・カレラGTS904とそれを迎え撃つ7台のプリンス・スカイラインGT(ともに

左：1962年フェアレディ1500 SP310の構造図 <1962 Fairlady 1500 SP cutaway drawings> フレームは、ブルーバードP310のサイドレールがひじょうに幅広く薄い、クロスメンバーの少ない独特の梯子形を、強力なXメンバーで補強したもの。サスペンションもスプリング・レートが変えられている他は基本的にブルーバードのもので、前が強い後退角のついたダブル・ウィッシュボーンとコイルの独立、後ろがリーフで吊ったリジッド。ブレーキはドラム径230mmの2リーディング・シューが新設計された。シートの位置はもちろん大いに低められ、後退させられ、重量配分を理想に近づけ、操縦性を高めている。

1963年フェアレディ1500 SP310 <1962 Fairlady 1500 SP310 with twin SU type carburettors> 日本グランプリに勝ったツインSUキャブレター付きの輸出仕様車を国内にも売って欲しいという要望に応えて、1963年6月20日、メーカーは国内向けも全面的にツインSU付き80psとした。この結果マキシマムは155km/hに、SS¼マイル18秒そこそこに向上した。価格は3万円高の88万円にとどめられた。ボディ関係では外観上テールの文字がDATSUN1500になったことで区別されるのみであったが、細部は微妙に変わっていたようだ。この写真のフォグランプはオプション。

1963年フェアレディ1500 SP310のエンジン <1963 Fairlady 1500 SP310 engine with twin SU carburettors> エンジンは単にSU型キャブレターが2個になっただけでなく、インテーク・バルブ径の増大、ハイリフト・カムシャフトの採用、バルブ・メカニズムの材質の高級化、ピストン頭部と燃焼室形状の変更による圧縮比の引き上げ（8.0から9.0へ）、より剛性の高いシリンダーブロック、高速型のクランクシャフトとコンロッドなどの採用などが実施されている。さらにエグゾースト・パイプを1－4番、2－3番とまとめてポートから約1mまで分離させて、互いの排気干渉を避けたデュアル・エグゾーストに近いものとした。ロッカーケースもプレスからアルミ・ダイキャストになった。

1963年フェアレディ1500 SP310 ハードトップ付き <1963 Fairlady 1500 SP310 with detachable FRP hardtop now available> 11月30日に発売された取り外し自在のFRP製ハードトップ。これを付け、サイドグラスを巻き上げればフィクストヘッド・クーペとまったく変わらない完璧な居住性が得られ、幌より空気抵抗がかなり少ないのでレースにも向いている。価格は8万5000円で、すでに使用中のものにも取り付けられた。

1964年フェアレディ1500 SP310 レーシング・エンジン <1964 Fairlady 1500 SP310 engine with racing kits and two double choke Weber carburettors> 1964年3月9日に発売した2種のレーシング・キットをつけたレーシング・エンジン。異なったヘッドとスポーティング・カムシャフト、大容量のオイルパンからなるキットB（3万6000円、これのみでもチューン・アップできる）、ウェバー・ダブルチョーク・キャブレターを付けるためのインレット・マニフォールド（キャブレターは別）、そのエアクリーナー、オイルクーラーとポンプからなるキットA（5万7000円。キットBと組み合わせる）の2つを同時に装備したもの。キャブレターは別に買わなければならない。左下はオイルクーラー。

2ℓ）の強さは圧倒的であった。このレースでは1.5ℓのフェアレディは2ℓのポルシェ904と5台のスカイラインGTに続いて総合7位に入り、1300〜1600ccクラスでロータス・エラン、エリート、3台のベレットGTを破ってウイナーとなった。

ドライビング・ポジションの向上

大幅に性能を向上したフェアレディSP310につぎに必要なものは、お化粧直しであった。もともとフェアレディは性能、形態、装備など諸点でひじょうに最新式で、いわゆる全車性能は高かったが、いかんせん歴史が浅いために伝統とか個性とかいったプラス・アルファの魅力に欠ける嫌がなくもなかった。2、3欠点をあげれば3シーターのため、シートを充分に後へ下げられず、長身のドライバーには不都合だ（自分でとっぱらってしまったオーナーもいた）、インストルメント・パネルがいささか安っぽく、同サイズのメーターが4つ並んでいるのも一見整理されているようだが実は一瞥しただけで読みにくい、なくもがなの時計が大きすぎて絶対必要な油圧計がない……などであった。

これらの不満を解消してプラス・アルファの魅力を盛ったのが1964年8月24日に発表、即日発売した新型だ。幾多のボディ艤装関係での改良のうち、特筆されるのはドライビング・ポジション改造のために大いに意を用いたことである。まず第1にサード・シートを取り除いて完全な2シーターとすることにより、シートをフェラーリやアストンかと見紛うほど、大きく、ぶ厚い、本皮風のビニールレザー張りのものとし、位置を40mm後退させ、さらに従来120mmであったスライド幅を160mmに増した。同時にステアリングホイールを30mm前進させて、スターリング・モス式の腕をまっすぐに伸ばしたいわゆるストレート・アームの操縦を可能にした。またペダル位置を20mm上げ、踏む方向もより水平にし、後退したシートに合わせた。

もう一つ特筆されるのは、インストルメンツ・パネルを一新したことだ。上下の縁をクラッシュ・パッドでかこった新しい形のパネルには、ドライバーの正面に2個の大きなメーター、180km/hまでのスピードと7000rpmまでのタコメーターを置き、その間の上に待望の油圧計をつけた。右端には小さい水温計、パネル中央には時計をはさんで燃料計と電流計を置いた。この改良によりドライバーは、たとえばレースのように緊迫した状況のもとでも、一瞬目を落とすだけでエンジンの回転と、車の速度と、そして最も気になる油圧を知ることができるようになった。

細かいことではスイッチ類がタンブラー型になり、ディマーが足踏みからウィンカー・レバーを前後に動かすものに変わった。メーターの夜間照明はレオスタットで明るさを無段階に調節できるようにしたので、長距離ドライブなどの際、不要ならば暗くしておける。また新たにセンターコンソールを設け、ラジオ、ヒーターのコントロールをここに移し、シフトレバーと灰皿、ロックできる小物入れ（ふたはアームレストを兼ねる）がつけられた。

三角窓は従来固定式であったが、新型では乗用車なみに開閉自在となった。

このほかではヒーターを室内循環式から外気導入式にしてデフロストの効果を高め、ワイパーをワイアからリンクに改めてブレード圧を200gから300gに強め、高速での浮き上がりを防いだ。ウィンドシールド・ウォッシャーのノズルを向きの調節できるものとして2個にし、ラジエターも前面の面積を増して放熱効果を30％高めた。トップは従来幌骨を立ててからキャンバスを張るようになっていたが、新型ではキャンバスごと一緒にたためるようにし、一動作で上げ下げできるようにした。不用のときはキャンバスのカバーで止めておく。前方のウインドシールド・フレームへのとりつけもネジ止めからワン・アクションのフック止めに改めた。

サード・シートの下に格納されていたバッテリーは、その廃止にともないエンジン・ルームに移され、ジャッキはスクリュー式に改められた。トランクリッドはそれまで自動ロック式（閉めると自動的にロックされ、キーがなければ開かない）だったものを、プッシュボタン式（ロックは自由）に改良した。外観上はフロントフェンダーの左右にアンバーのマーカーランプをつけ（ただし国内用のみ）、ノーズのエンブレムを廃し、DATSUNという文字に置き変えた。こうしてフェアレディSP310は価格をそのままにさらに充実したのである。

フェアレディ1500の国内レースでの活躍については先にも触れたが、輸出先のアメリカ

1964年フェアレディ1500 SP310 <1964 Fairlady 1500 SP310 with new cockpit> 8月24日に発売された新しいコクピットをもった2シーターのフェアレディ。コンバーチブル・トップはフレームとキャンバスが一体にコクピット後部にたたまれ、一動作で上げ下げできるようになった。三角窓も開閉できるものになった。外観上はノーズのやや大きいDATSUNの文字とサイドマーカー・ランプで区別される。

1964年フェアレディ1500 SP310のコクピット <New cockpit of 1964 Fairlady 1500 SP310> 計器板は新しい形になり、ドライバーの眼前に左に180km/hまでの速度、右に7000rpmの回転（5500〜5700がイエロー、5700以上がレッド・ゾーン）の2つの大径のメーターが付き、その間に待望の油圧計がついた。計器板中央は左から燃料計、時計、電流計、右端は水温計。スイッチはタンブラー式になり、ラジオと新しい外気導入式ヒーター・デフロスターのコントロールはセンター・コンソールに移された。アームレストの中はロックできる小物入れ。

1964年フェアレディ1500 SP310のシート <1964 Fairlady 1500 SP310 new seat> 横向きのサード・シートを取り払った結果、シート自体も大形化され、40mm後退させられ、前後移動量も160mmに40mm増した。30mm前進したステアリングホイール、20mm上がって踏む方向が水平に近づけられたペダルとともに、よりよいドライビング・ポジションをもたらした。シートはまるでイタリアの豪華グランツリスモのようだ。

1964年ダットサン・クーペ1500 SPC311 <Datsun Cope 1500, the prototype of Nissan Silvia, exhibited at 1964 Tokyo Show> 1964年東京ショーで初公開されたシルビアのプロトタイプで、まだ1500ccであった。(photo: Y. Matsuo collection)

でもなかなか活躍している。なかでも日産のバックアップを得たボブ・シャープ・レーシング・チームの活躍はすばらしい。自らのチューンになるフェアレディに乗るボブ・シャープは、1965年にはSCCA（スポーツカー・クラブ・オブ・アメリカ）のナショナル・レースやリージョナル・レースで1位に6回、2位と3位に2回、5位と6位に1回それぞれ入賞、1965年度プロダクション・スポーツGクラスのナショナル・チャンピオンになった。

さらに1965年11月28日、デイトナ・インターナショナル・スピードウェイで行なわれた1965年アメリカン・ロードレース・オブ・チャンピオンにノース・イースト・ディヴィジョンのチャンピオンとして出場、GクラスでBMCチューンのMGミジェットとヒーレー・スプライトに次いで3位になった。レース前には優勝まちがいなしといわれていたが、オーバーヒートとブレーキ・トラブルに悩んで惜しくも3位に甘んじたのだ。

SCCAのレギュレーションは変わっており、クラスは単に排気量だけではなく、銘柄、型式によって分けられていた。ダットサン・スポーツSPL310（アメリカではフェアレディとは呼ばれない）はMGミジェット（1100cc）、オースティン・ヒーレー・スプライト・マーク2（1100cc）、トライアンフ・スピットファイア（1200cc）、ポルシェ356（1300cc）、モーガン4/4マークⅡ（1500cc）、フィアット1500Sキャブリオレ（1500cc）、ホンダS600（600cc）などと同じGクラスにあり、同クラスでは最も強い車といわれていた。もっとも直接競合するMG A1500/1600、サンビーム・アルパイン、トライアンフTR2／TR3などは1段上のクラスFになっていた。

なお、国内では1965年4月、SP310は価格を6000円上げて、88万6000円となった。

シルビアそしてフェアレディ1600へ

1964年の第11回東京モーターショーは、オリンピックを避けて1カ月早く、9月26日にその幕を切って落とした。このショーの日産のスタンドには宝石のように美しい1台のメタリック・グリーンの2シーター・クーペが展示された。ダットサン・クーペ1500と名づけられたこの車は、明らかにフェアレディのクーペ・バージョンであった。ボディはそのままトリノのショーに出しても大好評を博したに違いないほど美しく均整のとれた、時代の先端を行くすばらしいものであった。それもそのはず、メーカーは自身の造形課のデザインと発表していたが、実はかつてBMW507、508を生んだことで知られるドイツ生まれのアメリカ人アルブレヒト・ゲルツがそのデザインにコンサルタントとして参画していたのである。

この車は翌1965年4月1日に、その名もニッサン・シルビア（Silvia：ギリシャ神話に登場する女性の名前）と改めて発売された。シャシーは基本的にフェアレディであったが、いくつかの点で重要な改良、強化が行なわれていた。すなわち、エンジンはフェアレディ1500の80×74mmの1488ccから、87.2×66.8mmというさらにオーバースクエアの1595ccに拡大された。さらにインテーク・マニフォールドをより吸入抵抗の少ないものにした結果、圧縮比9.0、SU型キャブレター2個という従来のチューンのまま出力は80ps／5600rpmから90ps／6000rpmに、トルクは12.0kg-m／4000rpmから13.5kg-m／4000rpmに、それぞれ10％以上も強化された。またコンロッドのビッグエンド・メタルに新たにF770という新材料を用い、高速での長時間運転にさらに耐久性を高めた。

エンジンの強化と同時に、それにつづくパワートレインも大幅に改良された。すなわち外径220mmのクラッチはコイル・スプリングから西ドイツのフィヒテル・ウント・ザックス社の技術を導入したダイアフラム・スプリングになった。この結果クラッチの断続はより速く、確実になり、ペダルの反応もよりセンシブルになった。さらに4段のギアボックスは従来普通のシンクロメッシュを上3段に備えていたが、シルビアではまったく新たに世界的な定評をもつポルシェ社特許のボーク・リング・タイプのフルシンクロメッシュになった。その上レシオも（カッコ内フェアレディ1500）3.382（3.515）／2.013（2.140）／1.312（1.328）／1.000とさらに接近したものに変えられた。ホイールはフェアレディの5.60-13から5.60-14と1インチ大きくなり、そのためファイナルは3.889に代わって4.111がスタンダードになり、3.889がオプショナルになった。

もう一つ特筆されるのは、フロントに初めて住友電工製のダンロップ・マークⅡディス

1965年フェアレディ1600 SP311 <1965 Fairlady 1600 SP311 now with 1600cc engine, Porsche type all synchronized gearbox and front disc brakes> 1595cc 90psエンジン、ダイアフラム・スプリング・クラッチ、よりクロースレシオのポルシェ特許4段フルシンクロ・ギアボックス、14インチ・ホイールなど全面的にシルビアのパワートレインを採用したフェアレディ1600。車重は910kgに増加したが、マキシマムは165km/hに、SS¼マイルはなんと17.6秒になった。価格は93万円に上がったが、後に92万4000円となった。

下（2点）：1965年フェアレディ1600 SP311 <1965 Fairlady 1600 SP311> 外観上はラジエター・グリルが3本の横線だけのすっきりしたものになり、14インチ・ホイールの採用によりフェンダーのオープニングも大きくなり、モールディングが途中までとなった。ホイールも装飾的な全面カバーを止めて軽減と冷却のための穴を開けたディスクを露出させ、シンプルなハブ・キャップを付けた。

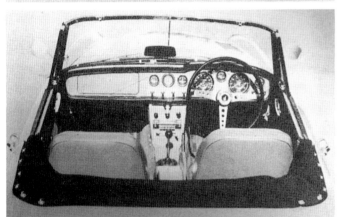

1965年フェアレディ1600 SP311のコクピット <Cockpit of Fairlady 1600 SP311> このフェアレディ1600のコクピットは事実上64年後期、65年前期型と変わらないが、シフトレバーの位置がわずかに後退し、ノブの形状も逆円錐形から球になり、根元のラバーブーツも変わった。このため灰皿はアームレストの先端に移された。またワイパーが2スピードになった。

1965年フェアレディ1600 SP311のエンジン <Engine of Fairlady 1600 SP311> エンジンは外観上旧1500ccの80ps型と区別することはむずかしい。グリルのパターンの違うこと、ラジエターの詳細の違うことくらいのものだろう。1600cc化に伴ってラジエターの容量が増されたようで、ヘッダータンクが大きく、冷却水の注ぎ口もヘッダータンクからエンジン側へ移された。

クブレーキ（径284mm）を用いたことである。このためフロントトレッドは57mm広げられた。きわめて仕上げのよい2シーター・クーペは自重980kgとフェアレディ1500より70kg重いが、マキシマムは165km/hに達し、SS1/4マイルは実に17.9秒まで縮められた。メーカーはこのシルビアをいわばセミカスタムカーとしてある程度生産を限定し、やや高価に販売するという方針をとり、ボディがほとんどハンドメイクであるためもあって120万円（東京）という価格で発売した。

シルビアSCP311は、主にその高価格のゆえに日本のTバード的な車になったが、本ストーリーの主人公フェアレディにも大きな影響を与え、フェアレディの性能を大幅に向上させる功労者となった。すなわち1965年5月31日、ダットサン・フェアレディ1500 SP310は全面的にシルビアのパワートレインを採用、フェアレディ1600 SP311となったのである。エンジンは1600cc・90psに、クラッチはダイアフラム・スプリングに、ギアボックスはポルシェ・タイプのフルシンクロ4段に、ホイールは14インチになった。同時にフロントにディスクブレーキを標準装備した。この結果、車重は920kgと増加したものの、マキシマムは165km/hに、SS1/4マイルは17.6秒に向上した。

絶対的マキシマムではハイギアードなヨーロッパ製1.6ℓ車（たとえばフィアット1600S、ポルシェ365SC）などに一歩を譲るが、SS1/4マイルの加速タイムではそれらを大幅に凌駕したのである。ロードホールディングやそれぞれの個性、長短を無視すれば、100mphの連続ツーリングでこそフェアレディはフィアットやポルシェにかなわないが、トウィスティー・コースだったら絶対的な強味を発揮するはずだ。一定の排気量から絞り出せる力に限界がある以上（とくに価格、耐久性、経済性との兼ねあいにおいて）、絶対的マキシマムの速さと加速のよさは相反する要求で、一方を立てれば一方が犠牲になる性質のものである。まだアウトストラーダ・デル・ソーレ（太陽の道路）やアウトバーンのような高速道路をもたなかったわが国（名神の開通がやっと1964年、東名が69年）のフェアレディが、スタンディング・クォーター・マイルの加速に重点を置いたのもむしろ当然のことであったろう。

この1600cc化に伴い、フェアレディは格子に代えて新しい横線のラジエターグリルを採用、ワイパーを高低2速にし、ソフトトップの操作をさらに容易にするなどの改良を行なった。価格は東京店頭で93万円に上がったが、1966年4月に物品税の引き下げによって92万4000円となった。その高性能、類い稀な耐久性、群を抜く実用性、豊富な標準備品などあふれるばかりの魅力を考え合わせたとき、その頃日本で買えた最もお得な車といえるかも知れない。いずれにせよ、ダットサン・フェアレディは世界の1.6ℓ級スポーツカーのなかにあってもけっしてひけをとらない、いやそれどころか世界の1.6ℓ級グランツリスモを代表する車の一つにまで育ったのである。

フェアレディ1600は1966年5月3日に新設の富士スピードウェイで開かれた第3回日本グランプリのGTクラスにポルシェ911、ロータス・エランを押さえて1、2位を独占、その絶対的な強さをいかんなく示した。より大規模な長距離レースではいざしらず、1ラップ2〜6km程度のトウィスティー・サーキットを100〜200kmほど走るわが国のレースでは、フェアレディ1600はまったく無敵といってよかった。また海を渡ったカナダでは、同年5月6、7の両日行なわれたシェル4000ラリー（約6800km）で総合の14位、クラスの5位に入賞した。本来この種のラリーにはスポーツカーよりタフなセダンの方が強く、この年もフォード・コルティナが総合の1、2位、ボルボが3位で、フェアレディの上位入賞は大いに注目された。

外国でのフェアレディ

ダットサン・スポーツは、1959年のS211のころからごくわずかずつながら主にアメリカに向けて輸出が始められた。60年に改良された初のダットサン・フェアレディ（当時はフェアレデー）はその正式名称がSPL212および213であったように、主として対アメリカ輸出用の左ハンドルであった。本格的なフェアレディSP310が生まれてからは左ハンドルはSPL310となり、アメリカでの通りをよくするためにダットサン・スポーツ1500と名づけられた。

ダットサン・スポーツ1500 SPL310はまず1962年10月に4台がサンプルとしてアメリカへ船積みされ、翌11月には21台、12月には33

台と増えて行った。結局最初の 6 カ月には 216 台が輸出された。その後も輸出はブルーバードとともに順調に伸び、ピークには月に 300 台を越えたこともある。1962 年から 64 年まで各年の生産と輸出台数をまとめるとつぎのようになる。

年	生産台数	輸出台数	輸出比率
1962	505	214	42.3%
1963	2734	1677	61.3%
1964	4350	2485	57.1%
計	7589	4376	57.7%

すなわち平均して60%近くのフェアレディが輸出に当てられ、貴重な外貨を稼いでいたわけだ。輸出先の筆頭はもちろんアメリカで、ほかにもオーストラリアや東南アジア諸国にも出ているが、ほとんど全部がアメリカといってもよいほどである。その頃、日産の自動車輸出専用船追浜丸（15900トン）が、同社追浜工場に隣接する横須賀長浦港から、おびただしい数のダットサン・セダン、ピックアップとともに、数十台のダットサン・スポーツ 1500 を積んではるか太平洋を越えたアメリカへ向けて船出して行く姿がしばしば見られた。

究極のオープン・フェアレディ"2000"

フェアレディ 1600（SP311）の発売から 2 年ほどした 1967 年 3 月、オープン 2 シーターのフェアレディとしては究極的な 2000（SR311）がデビュー、リファインされた 1600 と並売される。実は日産はその前年の 1966 年、日本グランプリのメーンレースたるプロトタイプカーによるGPレースに 1 台のフェアレディ・スペシャルを参加させた。赤いボディに白いハードトップを被ったそのクルマは、フェアレディSと名付けられていた。前輪直後のフェンダーには、ジウジアーロ（ベルトーネ時代）のアルファ・ロメオ"カングーロ"よろしく、5 列の水平の大きなルーバーがあいており、ボンネットの下になにか特別なものが収められている、ただならぬ雰囲気を醸し出していた。

果たせるかな、そこにはそれまで誰も見たことのない直列 6 気筒のDOHCエンジンが隠れていた。これは当時日産が試作を依頼していたヤマハ発動機により開発されたものと言われており、その後ヤマハは日産と切れてトヨタと結んだ結果、このエンジンで得られたノウハウはトヨタ2000GTに生かされたとされている。雨のプラクティスでポールポジションを獲得した北野元操縦のフェアレディSは、しかし実践では振るわず、ピットインを繰り返した末にリタイアしてしまった。スポーツカーファンの誰もが市販を望んだツインカムの 2ℓフェアレディであったが、それは結局陽の目を見ることなく終わった。

代わって 1967 年 3 月に発売されたフェアレディ2000（SR311）のボンネットの下には、チェーン駆動のSOHCに改造された、当時の二代目ニッサン・セドリックの 4 気筒エンジンが入っていた。SOHCで燃焼室はウェッジのままだが、メインベアリングは1600の 3 個から 4 気筒最大の 5 個になった結果、エンジンのスタミナは大幅に向上した。ボア×ストローク87.2×83㎜、総排気量1982ccはセドリックのままだが、9.5の圧縮比と、2 基のツインチョーク・ソレックス44PHHキャブレター（すなわち 1 気筒 1 個）により、出力は145ps／6000rpm、トルクは18.0kg-m／4800rpmと飛躍的に向上した。これは1600に比べて出力で61％、トルクで33％という大幅増に相当する。この高出力、大トルクをフルに生かして高速性能を高めるために、新たに 4 段ギアボックスにオーバードライブ・レシオのトップを加えた、5 段フルシンクロ・ギアボックスが採用された。

シャシーは基本的に1500／1600のSPと共通であったが、増大したトルクに対処するために、後輪のリジッドアクスルの左右にトルクロッド（トレーリングアーム）が加えられた。ブレーキは依然として前のみディスクであったが、後ろはアルフィン・ドラムに進化した。これは鋳鉄のドラムの周囲にアルミニウムの放射状の冷却フィンを溶着したもので、激しく反復使用しても、摩擦熱が蓄積されてドラムが膨張し、また表面の摩擦係数が下がってブレーキが効かなくなる、いわゆるフェード現象が起きにくくするものである。この頃になると世界的に安全性に対する要求が高まり、SR311もブレーキのマスターシリンダーをタンデムにして、油圧系統を二重にした。さらに高速化に備えてホイール、タイヤも4.5Jリムに5.60S-14が標準化され、後にはオプションでより扁平な6.45H-14も注文できるようになった。

1967年フェアレディ2000 SR311 <1967 Fairlady 2000 SR311, the first production model> おそらく最大の輸出先アメリカからの"モアパワー"の要請に応じて新設された2ℓフェアレディで、SS¼マイル15.4秒、マキシマム205km/hを誇る。シャシーは基本的に同じだが、急加減速時のアクスルトランプ(ばたつき)を抑えるために、後車軸に2本のトルクアームが付加され、ディスク/ドラムのブレーキもタンデム・マスターシリンダーになった。価格は85万円で、ラジオ、ヒーターを付けても88万円にすぎない。

1967年フェアレディ2000 SR311 <1967 Fairlady 2000 SR311 dashboard> ダッシュボードは1600と共通だが、タコメーターは8000rpm(6500からレッドゾーン)までになり、スピードメーターは240km/hまで刻まれている。足許では左端にフットレストが付いたのが新しい。2000のギアボックスはトップが0.852のオーバードライブレシオの5段ポルシェ・シンクロになった。

1967年フェアレディ SR311 <1967 Fairlady 2000 SR311 engine> セドリック用をベースに新設計された1982ccという大きな4気筒エンジン。1600のストロークを延ばしたもので、5個のメインベアリングをもつ。ヘッドは大改造されており、デュプレックス・ローラーチェーン駆動のSOHCをもつが、燃焼室はウェッジ型のままで、吸排気も左側のカウンターフローである。2組のダブルチョーク・ソレックス・キャブレターと圧縮比9.0で145ps/6000rpmと、実に73ps/ℓを発生する。

フェアレディ2000 SR311 < Fairlady 2000 SR311 with various racing kits> レース仕様2000は当然ながら国内外のレースに大活躍したが、メーカー自身レースに参加しようとするアマチュアをバックアップするためにレーシングキットを準備していた。圧縮比を12に上げ、三国ソレックス・キャブレターを大口径の50PHHにすると出力は15％アップする。そのためにはカムシャフトをハイリフトに変え、オイルクーラーを付け、メタルやウォーターポンプなども強化しなければならない。サスペンションを低く硬く改造、ダンロップ・レーシングR7、5.00M-14タイヤを装着するために、前輪にオーバーフェンダーを付ける。すべてをやろうとすると作業費別のキット代金だけでも50万円を超えた。

ボディはグリルのパターンが変わり、フロントフェンダーに2000のレタリングが付いたこと以外はほぼ1600のままであった。量産が進んだ結果フェアレディの車重はしだいに軽くなってきており、SR311では910kgと、初期の1600よりむしろ軽いくらいであった。910kgに対して145psだから、SR311の高性能は想像に難くないが、事実最高速度205km/h、0－400m加速15.4秒という高い数値が公表された。これを信ずればSR311は1.8ℓのMG Bや2.1ℓのトライアンフTR 4 A、さらには3ℓのオースティン・ヒーレー3000MkⅢよりも速く、ポルシェ911に匹敵する当時最速の2ℓ級スポーツカーということになる。しかもその国内価格はラジオ、ヒーター付きで88万円、なしで85万円という求め易いものであった（同時期のSP311は83万円）。世界広しといえどもバリューフォーマネーとコスト／パフォーマンスの高さでSR311を凌駕するスポーツカーはなかった。

1967年10月の東京モーターショーでは、1968年型のSP311とSR311が発表されるが、それらは主にアメリカの安全基準に適合するよう細部に改造するとともに、居住性を高めたものである。即ちダッシュボードが全面クラッシュパッドで覆われた新デザインになり、ステアリングホイールの中央にも大型のパッドが付き、二つのシートには大きなヘッドレストが付いたのは安全性向上のためであった。一方ウィンドシールドの丈が25mm高められたのは体の大きいアメリカのユーザーのためにヘッドクリアランスを確保するためであった。しかしこのため全体の視覚的バランスが少々崩れてしまったことは否定できない。

このようにSP、SRはアメリカ市場に適合するように改良されていったが、それもそのはず、最大のマーケットは日本国内ではなく北米地域だったのである。SPとSRを合算した年産台数と輸出比率をみると、まだSPのみの1965年が5300台とそのおよそ80％、1966年が6100台とその実に95％に達したのである。SRが加わった1967年の年産は7000台を越え、その90％近くが海を渡った。さらにSRが主流をしめた1968年には実に１万3000台以上がラインオフ、その90％以上がアメリカを中心とした世界市場へと送り出された。この時点でダットサン・フェアレディが既に世界中で最もポピュラーなスポーツカーの一つにのし上がっていたことは事実である。

SR311とモータースポーツ

スピードとタフネスを誇るフェアレディ2000、SR311は、モータースポーツ・イベントにも大活躍する。デビュー間もない1967年5月の第4回日本グランプリには当然ながら多数のSR311がエントリーされたが、やはり日産ワークスチームがダントツに速く、黒沢元治、長谷見昌弘、粕谷勇が他を断然寄せつけず、１－３位を独占した。以後SR311はさまざまな国内イベントで文字どおり八面六臂の活躍を見せることになる。日産自動車スポーツ相談室も、SR311 Sport Option Partsというカタログまで作って、レースに参加するアマチュアをバックアップした。

その活躍は国内のみに留まらず、広く海外にも及んだ。特にアメリカではボブ・シャープのレーシングチームがダットサン・スポーツの大々的なキャンペーンを繰り広げ、1500、1600時代からSCCA（スポーツ・カー・クラブ・オブ・アメリカ）のプロダクションカー・レースに活躍していたが、それは2000の参加で最高潮に達した。もちろんアメリカのみならず、ヨーロッパでもダットサン2000（フェアレディの名は日本国内に限って使われた）の活躍は見られた。例えば日産ワークスチームは1965年以来、過酷なことで知られる冬のモンテカルロ・ラリーにブルーバードで挑戦していたが、1968年と69年にはその役目をダットサン2000が背負った。特に1968年には、2台のうちH. ミッコラ／A. ジャルヴィ組の1台が総合の9位に入り、それまでの日本車最高位を記録した。同時に1600cc以上のGT3クラスの3位にも入賞した（総合およびGT3クラスの1、2位は、ともに同じポルシェ911Tであった）。

1968年フェアレディ2000 SR311 <1968 Fairlady 2000 SR311 with taller windscreen and thick screen frame>1968年以降、アメリカで販売される車にはすべていちだんと厳しい安全基準が適用されることになったので、1967年秋の東京モーターショーで、国内向けも含めてボディを改良した。最大の変更点はウィンドシールドの丈が高くなり、そのフレームがより強固な構造になったことで、その結果、中央のテンションロッドは廃止された。またシートにヘッドレストが装備されたことも新しい。価格は3万円上がり91万円となった。

1968年フェアレディ1600 SP311 <1968 Fairlady 1600 SP311 with optional anti-roll bar> 1600もまったく同様の安全対策を受けた。写真は当時2000とももオプションで設定されていたロールバーを装備した姿だ。ウィンドシールドといい、ヘッドレスト、ロールバーといい、古典的なオープン2シーター時代の終焉が近いことを暗示している。1600も86万円に値上げされた。

1968年フェアレディ2000 SR311 <1968 Fairlady 2000 SR311, the last model of SP/SR series since 1962> 1962年いらい生産されてきたSP／SRの最終的な姿。ウィンドシールドの変更に伴い、デタッチャブル・ハードトップも新しくなった。1970年までの9年間のSP／SRの総生産は4万9296台で、うちSP310（1500）が6906台、SP311（1600）が2万7384台、SR311（2000）が1万5006台であった。

1968年フェアレディ2000 SR311のコクピット <1968 Fairlady 2000 SR311 dashboard covered with thick pad> ダッシュボードは分厚いクラッシュパッドに覆われ、ステアリングホイールも衝突時のコラムの突出のない新型になり、スイッチ類も扁平なものに改められた。またブレーキ系統に異常が発生した際のウォーニングランプも付いた。太くごつくなったウィンドシールド・フレーム、ヘッドレストとともに安全性はかなり向上した。

1968年フェアレディ2000 SR311 <1968 Fairlady 2000 SR311> ウィンドシールドの丈が高くなった分、リアウィンドーも丈が伸び、後ろ姿でも容易に識別できる。

ダットサン・スポーツ2000 SRL311 <Datsun Sport 2000 SRL311 for US market> 続々とラインオフするフェアレディ2000。先頭は左ハンドルで、ウィンドシールドにもSPL311U、仕向地USAという張り紙がある。

フェアレディ1600／2000エンジンの組み立て風景 <Fairlady 1600/2000 engine assembling line> 手前の左から2000、1600、2000、1600と並んでいる。2000のクーリングファンがプラスチック製なのに注意。ここに見える2000ユニットは標準のエアクリーナーではなく、オプションのエアファンネルを付けている。

Zシリーズを発売

日産自動車は新型スポーツカー「ニッサン・フェアレディZシリーズ」三種類を二千四百二十八日、発表した。
この新車は「未知の可能性と夢のある車」という意味で"Z"と命名された本格的な量産スポーツカー。ロングノーズ、カットエンドのファストバックスタイルを採用し、新たに開発した排気量二〇〇〇ccの高性能エンジン（2400Zは百五十馬力、Z432は百六十馬力）をのせるなど、いくつかの特色をもっている。定員はいずれも二人。
同車は世界の名車「アルファロメオ一六〇〇」、「ポルシェ九一一S」に匹敵するスポーツカーとして月産五百台を予定している。価格は「Z」九十三万円、「ZL」百八万円、「Z432」百八十五万円（いずれも東京店頭渡し価格。東京以外の価格は未定）。

フェアレディZ432

「ニッサン・フェアレディZシリーズ」の発表を伝える当時の新聞記事（昭和44年10月19日付）。当初はフェアレディZ432を主力モデルとしており、1969年の東京モーターショーに出品し、月産は500台と記載されている。

世界のベストセラー、フェアレディZ

ダットサン・フェアレディSP／SRは、「オープン2シーター＝スポーツカー」と考えられていた素朴な時代の最後を飾るにふさわしいスポーツカーであった。それは乗る者に喜びを与えるのと同じくらいに、我慢を強いるもので、スパルタンで野蛮な乗り物であった。しかし世の中はどんどん進化し、近代化し、洗練されてゆき、人々はより便利かつ快適で、安楽な生活を求めていた。特に実用的なセダンが快適性追求の極に達しようとしていたアメリカでは、スポーツカーとて例外ではいられなくなっていた。ピューリタンは眉をひそめたが、一般のユーザーはスポーツカーにもよりよい居住性と安全性を要求するようになったのだ。そしてアメリカを最大の顧客とするダットサン・フェアレディも、その要求から逃れることはできなかった。

一般に居住性に優れるクローズドボディのスポーツカーは、グランツリスモ、ないしはそれを略してGTと呼ばれる。グランツリスモとはイタリア語で"大旅行"のことで、長距離旅行をしても疲れない居住性をもつ高性能車を意味する。イタリアでは既に1930年代の初めから、スパルタンなスパイダーの対極にあるスポーツカーとして、グランツリスモが造られていた。本来スポーツカーとはレーシングカーとツーリングカーの中間に生まれたもので、日常の足として使える実用性と、レーシングカーに近い性能を併せもつべきものである。だからスポーツカーによるレースは24時間とか12時間、1000kmといった長丁場の耐久レースなのである。したがってスポーツカーの理想を追求してゆけば、おのずとGTに帰結すると言えるかも知れない。

このことにいち早く気付き、次期フェアレディの行くべき道を方向づけた一人が、当時アメリカ日産の社長であった片山豊氏である。片山氏は1935年に日産自動車に入社した大ベテランで、戦前から戦後にかけて宣伝部門を開拓した人だ。根っからのクルマ好きで、最初のダットサン・スポーツDC3を造らせたのが彼なら、駐留米兵中心のSCCJ（スポーツカー・クラブ・オブ・ジャパン）に参加し、レースやラリーを行なったのも彼であった。今日の東京モーターショーの基礎を築いたグループの一人であったし、1958年のオーストラリア一周10,000マイル・ラリーに2台のダットサン211をエンターしたのもまた彼であった。この時は2台とも完走、1台は1000cc以下のクラスAで日本車として初めて国際的なイベントに優勝した。

1960年、片山氏は市場調査のために渡米、そのままアメリカに滞在して日産車の販売に当たり、1965年にはアメリカ日産の社長に就任した。ひとり日産車のみならず、日本車全体の対米輸出を成功させた最大の功労者で、アメリカでは"ミスターK"と呼ばれ親しまれている。その功績により片山氏は1998年にアメリカの自動車殿堂入りの栄誉に輝いた。さらにまた、片山氏はアメリカでは"Zカーの父"と呼ばれ、既に伝説上の人物になっている。フェアレディZの性格決定に、片山氏はそれほどの影響を与えたのである。

新しい時代のスポーツカー

あと2カ月で1970年代を迎えるという1969年10月、フェアレディZ、S30型は華々しく発表された。Zは日産社内の開発期間中のコードネーム"Z"がそのまま使われたものである。初めはSRをモダナイズしたオープン2シーターも試みられたらしいが、途中からは2シーター・クーペ一本に絞って開発が行なわれた。実際の開発は、乗用車担当の第一、第二設計課ではなく、特殊車両担当の第三設計課で進められた。

ボディデザインは日産の造形課が担当したが、単なる外形のみでなく、基本的なコンセプトから完成まで、終始リーダーシップを執ったのは松尾良彦氏であった。

低いシルエットで、ノーズが長く、ファストバックをもつフェアレディZは、フェラーリの250GTOやジャガーEタイプ・クーペなどの系列に属するデザインと言える。1950年代を通じてフェラーリのレース用GTクーペで一貫しているこのテーマを追求しきたのは、イタリアの巨匠ピニンファリーナであった。それが1958年のフェラーリ250GT・SWBを通じて完成の域に達したのが、1962年のスカリエッティのフェラーリ250GTOで、そのテーマを量産スポーツカーに大胆に採り入れたのがジャガーEタイプ・クーペであった。

フェアレディZは明らかにその流れを汲むが、10年近い時間的経過を経てぐんとモダナ

上：1969年フェアレディZ　S30　<1969 Fairlady Z, the original Z car with 2ℓ engine for Japanese market>　1969年11月に発売された最初の2ℓ"Z"。量産スポーツカーにGTの思想を持ち込むことによって史上初の、しかも最大の成功作となった車である。このバンパーのコーナーにゴムがなく、ホイールキャップもないのが93万円のベーシックなZだ。ロングノーズとファストバックをもつボディは、全体のバランスに優れ、どこにも過不足がなく、時空を超えて万人に美として受け容れられる普遍性をもつ。

右：1971年フェアレディZ　S30　<1971 Fairlady Z's characteristic rear hatch>　リアビューも一点の破綻も見せない。大きなリアハッチの下には、スポーツクーペとしては異例に大きいトランクスペースをもつ。

フェアレディZ-L 2by2 コクピット <Fairlady Z-L 2by2 dashboard> ダッシュボードはすべてにわたって彫りの深い立体的なデザインとなった。左のタコメーターは6000〜6400rpmがイエローゾーンで、6400〜8000rpmがレッドゾーン、スピードメーターは220km/hまでプロットされている。ドライバーの視線を向いた小メーターは右から水温／油温、電流／燃料、そして時計。ステアリングホイールは今から見れば細みで径の大きいウッドリム。（写真は1974年に追加された 2by2 モデル）

1969年フェアレディZ-Lのインテリア <1969 Fairlady Z-L interior> シートはヘッドレスト一体型のハイバック・セミバケタイプ。写真は3段オートマチック付き。

1969年フェアレディZ／Z Lのエンジン <6cyl. in line 1998cc SOHC L20 engine of 1969 Fairlady Z/Z-L> 日産の2ℓ級セダンと共通の「大きく重く眠い」と評されたL20型直列6気筒SOHC、1998ccエンジン。圧縮比9.5と2個の日立SUキャブレターで130ps／6000rpmを出した。

左：風洞実験を受けるフェアレディZ
<Z car in Nissan's own wind-tunnel showing smooth airflow down to Kamm tail> 日産社内の風洞でスムーズな空気の流れを見せるZ。カム教授の理論により、断ち落としたテールの後ろに空気の疑似ボディを引っ張るので、気流の乱れは少ない。

右：ストラット／コイルとワイドベースのウィッシュボーンによるユニークな後輪独立懸架
<Unique independent rear suspension with strut and widebase wishbone>

イズされている。最も顕著なのはウィンドシールドの傾斜角とコーダ・トロンカ、即ちカットオフ・テールであった。これは「長く尾を引く流線型は、その後端を垂直に切り落としても空気抵抗の増加は軽微だ」という、ドイツのヴニバルト・カム教授（1893－1966）の理論によるもので、一般に"カム・テール"とも呼ばれる。初めレーシング・スポーツカーに応用されたが、1960年代中頃からしだいに実用的なGTクーペにも見られるようになった。空力上の要求を満たすとともに、良好な後方視界と大きなトランクスペースを両立させるこの方式を、フェアレディZは巧みに採り入れている。

全体としてフェアレディZのスタイリングはプロポーションに優れ、各部のバランスがとれ、時代性をよく表わすとともに世界中に通用する普遍性をもち、その成功に大きく寄与した。もう一つZで魅力的なのは、そのインテリアである。特にダッシュボードはSP／SRのそれが平板な文字どおりの"板"であったのに対し、Zではイタリアン GTと見紛う、立体的でしかも安全性の高いものになっている。ステアリングの直前には、クラッシュパッドの二つの庇の奥深くでタコメーターとスピードメーターが、まるでドライバーを挑発するように睨んでいる。センターコンソールの上には水温／油温、電流／燃料、時計（Z-LとZ432ではストップウオッチ内蔵）の三つの小メーターがあるが、いずれもドライバーの視線に合わせて見やすくしてある。この一体成形のダッシュボードを含めて、インテリアは黒一色に統一されており、SP／SRに比べて遥かに大人のムードをもっていた。

既成コンポーネンツの流用

最初のZのベーシックモデルは93万円という、驚異的な低価格を実現していたが、その秘密は既成のコンポーネンツを多用していたことにあった。ボディはフロアユニットを中核とするモノコックだが、マクファーソン・ストラットの前輪独立懸架とラック＆ピニオンのステアリングはローレルのものの応用であったし、前輪ディスク、後輪ドラムでサーボ付きのブレーキはスカイラインGTのものであった。

後輪懸架も初めて独立になったが、それはコイル・スプリングを巻いたストラットと、ワイドベースのロワー・ウィッシュボーンによるものであった。前輪のマクファーソン・ストラットと非常によく似た構成だが、マクファーソンの最大の特徴はストラット自体がステアリングの中心軸になっていることで、したがってZのものはマクファーソンではない。もう一つハーフシャフトにロワー・アームを兼ねさせたロータスのチャプマン・ストラットの例もあるが、Zの場合は別体のロワー・ウィッシュボーンで前後の位置ぎめを確実にしており、世界初の方式と言える。

Zではファイナル／デフはバネ上のボディ側に固定されており、左右のハーフシャフトはそれぞれ二組ずつのUジョイントをもつ。この方式の最大の特徴は、サスペンションが変位してもタイヤが常に路面に対してほぼ垂直を維持し、したがってサイド・フォースに対してよく踏みこたえることである。またサスペンションの変位による後輪ステアもほとんどゼロに近い。副次的にトランクスペースを幅広くでき、またその底面を低くできるのも大きな利点である。

エンジンもまた日産社内の流用品であった。即ちベーシックのZとデラックスなZ-Lのそれはセドリックの L20型直列6気筒SOHC 1998cc（78×69.7mm）であった。その圧縮比を9.5に高め、2基のSUキャブレターを装備することによって、130ps／6000rpmと17.5kg-m／4400rpmを得ていた。Zにはもう一つ、Z432という高性能モデルがあり、それには源流をレーシング・スポーツカーのプリンスR380まで遡るスカイラインGT-Rの直列6気筒DOHC、24バルブのS20型エンジンが搭載された。今日でこそ4バルブ・エンジンは一般的だが、当時はきわめて珍しい存在であった。82×62.8mmという超オーバースクエアの1989ccで、同じく9.5の圧縮比とダブルチョークの三国ソレックス40PHHキャブレター3組により160ps／7000rpmと18.5kg-m／5600rpmという高回転型であった。"432"は4バルブ、3キャブレター、2カムシャフトの意味である。

同様ギアボックスも既存品が組み合わされた。まずベーシックなZにはスカイラインGTと同じボルグ・ワーナー型シンクロの4段が与えられ、Z-LとZ432にはポルシェ式フルシンクロの5段が用いられた。さらに1年後の1970年10月には、ZとZ-Lにオプションで3

1969年フェアレディZ-L ＜1969 Fairlady Z-L, a deluxe version＞　バンパーにゴムが付き、ホイールも異なるデラックス版のZ-L。同じ130psだが、4段のZの185km/hに対し、5段変速のZ-Lでは195km/hまで出る（別にレギュラーガソリン用の125ps仕様もあり、いずれも5km/hずつ遅くなる）。0-400mはZの16.5秒に対しZ-Lは16.9秒となる。Z-Lには3段オートマチックもあり、最高速度180km/h、0-400m17.9秒である。Z-Lは熱線入りリアウィンドーやカーステレオを標準装備して5段マニュアルが108万円、3段ATが113.5万円であった。

1969年ダットサン240Z　＜1969 Datsun 240Z with 2.4ℓ engine for US market＞　対米輸出用としては最初から存在したZの2.4ℓ版。左ハンドルであることと、横縞のグリル、バンパーのオーバーライダー、大型のフロントウィンカーランプ、リアサイドマーカーランプなどで識別される。アメリカでのリストプライスは3500ドルであったから、まさに"best value for money"でプレミアムが付くほどの人気であった。

フェアレディZ432 PS30D <Fairlady Z432 with 2ℓ DOHC engine replanted from Skyline GT-R, for Japanese market only> 旧プリンス系のスカイラインGT-R用直列6気筒DOHCエンジンを搭載する硬派の高性能モデル。名称は気筒当たり4バルブ、3キャブレター、2カムシャフトに由来する。0-400m15.6秒、マキシマム210km/hを豪語したが、なぜかその割に速くなく、レースでも好成績を上げられず、活躍を後の240Zに譲った。Z-Lと同艤装で、外観上はバッジとデュアルエグゾーストで区別される。価格は185万円（マグホイール付き）で、ベーシックなZのちょうど倍であった。

フェアレディZ432 PS30Dのエンジン
<S20 engine of Z432, the designation standing for 4-valves, 3-carburetors and 2-camshafts> プリンスのレーシングスポーツR380に源流を発するスカイラインGT-Rと共通のS20型エンジン。DOHCの4バルブ・エンジンは今でこそ珍しくないが、当時は限られたレーシングカーのものであった。82×62.8mmというオーバースクエアの1989ccから、圧縮比9.5と3個のソレックス・ダブルチョーク・キャブレターで160ps／7000rpmを生み出した。実に80.4ps/ℓに達したのだが……。

段オートマチックも装備できるようになる。自動変速機はアメリカ市場ではmustであっただろう。タイヤはZとZ-Lはマグネシウムホイールに6.95H-14を装備していた。

フェアレディZで驚異的なのはその軽さである。即ち公表された車両重量はZで975kg、Z-Lで995kg、Z432で1040kgという信じ難いものであった。その上、空気力学的なクーペボディの空気抵抗は$C_D=0.43$で、具体的なC_D値こそもたないものの、オープンのSP／SRより遥かに小さかったはずだ。その結果、当然ながらフェアレディZには抜群の性能が期待された。メーカー自身の公表値による最高速度と0-400mの所要時間は、ノーマルのZが185km/hと16.5秒、Z-Lが195 km/hと16.9秒、Z432が210km/hと15.8秒と、Z432の最高速度を除いては、SR311を超えることはなかった。しかしそのスムーズな走りと乗り心地のよさ、そして安全性において、ZはSR311を遥かに凌駕した。なおヘッドライト・カバー、テールのスポイラー、アンダーカバーなどを付けるとC_D値は0.38まで下がり、最高速度は10km/hも速くなったと言われ、レース用にはそうした装備が見られた。

成功の鍵

そしてZシリーズで何より特筆すべきは、前にも述べたその低価格であった。スタンダードのZが93万円、Z-Lで108万円という価格は、1969年10月の時点においても信じ難いものであった。Z432のみは185万円と、ノーマルZのほぼ倍のプライスタグを付けていたが、ツインカム、4バルブ、3キャブレター（実は気筒あたり1チョーク）とあればやむを得ないことであったろう。フェアレディZが若い世代の爆発的人気を勝ち取ったことは言うまでもない。

しかし、それ以上にZが成功したのは、当初から目論んでいたアメリカ市場においてであった。1970年に始まった対米輸出のためのモデルは直列6気筒SOHCエンジンのボア×ストロークをブルーバード用のL16と同じ83×73.7mmに拡大した2393ccで、輸出名はダットサン240Zであった。アメリカでの240Zの価格は3526ドルで、ポルシェ911の2分の1から3分の1に近かったから、売れない方が不思議であった。またしても途方もなく高いvalue for moneyをもつ240Zは、ヨーロッパ製スポーツカー群を立ち上がれないほどに打ちのめしてしまうのである。

アメリカの自動車界では1960年代を通じて安全旋風が吹き荒れた。MVSS（アメリカの連邦自動車安全基準）のどこにも「オープンはいかん」とは書いていなかったが、安全という集団ヒステリーに取りつかれたアメリカ人たちは、一斉にオープンカーにそっぽを向いてしまったのである。そのあおりを食って次々と姿を消していく英国製のオープン2シーター・スポーツに代わって、ダットサン240Zは一躍世界で最もポピュラーなスポーツカーにのし上がったのだ。

この海外でのダットサン240Zの快進撃を支えたのは、やはりモータースポーツでの活躍である。欧米の人々はレースやラリーで勝って初めてそのクルマの真価を認め、購入するのである。アメリカではSPやSRに続いて240ZがSCCAのプロダクションカー・レースで大活躍し、人気の火に油を注いだ。一方ヨーロッパでは、あのモンテカルロ・ラリーで1971年に総合5位に入り、翌72年にはさらに3位まで順位を上げる。いずれもドライバーは名手の呼び声高いラウノ・アールトネンであった。しかし240Zの国際舞台での活躍で何と言っても素晴らしいのは、アフリカのサファリ・ラリーでの勝利であろう。日産ワークスはこの世界一タフなラリーに1963年以来チャレンジし、1970年にはブルーバード1600 SSSで総合1、2、4位を獲得していた。その後を継いだのが240Zで、1971年と73年に見事総合優勝を果たし、このクルマがただ流麗でスムーズなだけのスポーツカーではないことを全世界に示したのであった。

人気の240ZG

1971年10月、即ちフェアレディZが誕生してからちょうど2年目に、240Zが国内でも発表され、2ℓのZと並売されることになった。国内版は圧縮比8.8と2個のSUキャブレターにより150ps／5600rpm、21.0kg-m／4800rpmにチューンされ、5段フルシンクロまたは3段オートマチックと組み合わされた。ノーマルの240Zとデラックスの240Z-Lの関係は2ℓモデルと同じで、ただ240Zではヘッドライトに透明プラスチックのカバーが付いた。240ZにはZ432に相当するモデルはなかったが、代わりにノーズにプラスチックの空力的な

1971年フェアレディ240Zのダッシュボード <1971 Fairlady 240Z dashboard>
基本的には2ℓ級と変わらないが、スピードメーターは240km/hまで刻まれている。

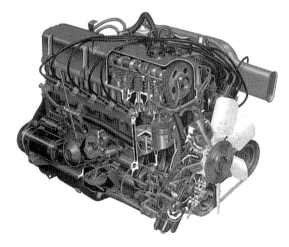

1971年フェアレディ240Zのエンジン <L24 engine of 1971 Fairlady 240Z>
2ℓ版のL20をボア、ストロークともに拡大したL24型。直列6気筒7ベアリング、SOHC、2バルブ。2.4ℓになってクーリングファンが4枚羽根から7枚羽根になった。2基のSUキャブレターはチョーク径38mmから46mmに拡大された。

左（上下）：1971年フェアレディ240ZG
<1971 Fairlady 240ZG, with 2.4ℓ engine now available in Japanese market also and aerodynamic nose corn> 対米輸出に2年遅れて国内でも240Zが発売された。ボア、ストロークともに拡大して2393ccとしたL24エンジンは、150ps／5600rpmを出し、985kgのノーマル240Zを205km/hまで引っ張った。写真のZGはこの時にできたグレードで、FRPのノーズコーンとヘッドライトカバー、オーバーフェンダーをもつ。全長は190mmも長く、また25kgも重いが、向上したCD値はそれを補ってあまりあり、Z432と同じ210km/hに達した。

1971年フェアレディ240Z-L <1971 Fairlady 240Z-L> 通常の240Z-Lにはオーバーフェンダーはなく、グリルも対米輸出と同じ横縞になる。240Zが115万円、240Z-Lが135万円、240ZGが150万円で、それぞれオートマチック付きは＋6万3000円であった。なお240Zの発売後も2ℓ版は存続し、1973年中頃には240Zの国内出荷が中止されるため、再び2ℓのみとなる。

1974年フェアレディZ-L 2by2 <1974 Fairlady Z-L 2by2, with occasional rear seats for family use> スポーツカーを愛する若者もやがては結婚し、子供をもつ。世界中からの「4人乗れるZを」の声に応えて新設されたのが2by2で、ボディには"2/2"の文字が付く。ホイールベースを300mm、全長を310mm、全幅を20mm、全高を5mm大きくして、後ろに+2座を設けたもの。長時間後席に座るのは苦痛で、やはりオケージョナル4シーター、または大人2名+子供2名用と言うべきだ。

1974年フェアレディZ-L 2by2 <Rear seats of 1974 Failady Z-L 2by2, with not enough leg space> 後ろに+2シートがあり、リアクォーター・ウィンドーの形が異なるほかは、室内は2シーターとほとんど変わらない。後席のレッグスペースは絶対的に不足している。

コーンを付け、175HR14のラジアルタイヤを覆うオーバーフェンダーをもつモデルが240ZGの名で誕生した。ノーマルの240Zが985kgで205km/hなのに対し、240ZGは1010kgとやや重いにもかかわらず、210km/hと称していた。空気抵抗の少なさゆえであったろう。

価格は240Zが115万円、240Z-Lが135万円、240ZGが150万円で、オートマチック付きはいずれも6.3万円高であった。Z432がそうであったように、240ZGも日本国内専用車とされ、輸出は行なわれなかった。Z432はレースでは意外にふるわなかったが、その穴は240ZGが完璧に埋め、しばしばレーシングスポーツカーをさえ破り、無敵を誇った。

1973年後半から輸出モデルの240Zはエンジンを拡大されて260Zになり、その結果国内向けの240Zはなくなった。対米輸出の260Zは排出ガス規制のため139ps／5200rpmまで出力が低下してしまった。そこで1975年には再度排気量を拡大して280Zとし、ボッシュLジェトロニック電子制御燃料噴射でかろうじて149ps／5600rpmまで出力を回復した。国内に目を転じると、1974年1月、ホイールベースを300mm、全長を310mm延ばして後部に+2シートを設けたZ2by2がZ仕様113.5万円、Z-L仕様131.6万円で追加された。フェアレディZは明らかに乗用車化の道を歩み始めていた。

1974年フェアレディZ-L 2by2
<1974 Fairlady Z-L 2by2> 1973年東京ショーに参考出品された時には260Z-L 2by2だったが、国内向けは2ℓであった。車重は1160kgと75kgふえたが、5段で190km/h、4段オートマチックで180km/hと変わらなかった。全長は4425mmと大型化しているが、Zのオリジナルデザインをよく維持しており、現実に世界中で好評で、2シーターに迫る売れ行きを示した。Zの4段で131万7000円、Z-Lの5段で149万8000円、Z-Lオートマチックで156万3000円であった。

1976年フェアレディZ-L（EGI）
<1976 Failady Z-L with anti-pollution NAPS engine> 50年排ガス規制に適合するNAPSエンジンを搭載した低公害モデル。エンジンの基本は同じL20だが、排気系に採用した白金触媒コンバーターによる出力低下を補うためキャブレーションを大改造している。即ち2個のSUキャブレターに代えて、Lジェトロニック方式のEGI（電子制御ガソリン噴射）を備え、125psを130psに僅かに向上させている。しかし性能的には大差なかったようだ。マフラーが大きく、テールパイプ位置が下がっている点に注意。

1976年フェアレディZ（EGI）のエンジン
<1976 Fairlady Z-L engine equipped with L-jetronic fuel injection instead of twin SU carburetors> 伝統的なL20型エンジンからは同じく伝統的な2個のSUキャブレターが取り除かれ、Lジェトロニック式の電子制御燃料噴射装置が備えられた。これはエンジンに吸い込まれる空気量を常に精密に測り、それに最適量のガソリンを噴射するものである。2シーターのZ-L（5段が標準）が152万6000円。

1977年フェアレディZ-T <1977 Fairlady Z-T, deluxe version of Z-L> 51年排ガス規制に合わせてNAPSを改良したモデル。同時にZ-Lにアルミホイール、195/70ラジアルタイヤ、パワーウィンドー、リモコンミラーなどを装着した豪華版のZ-Tが追加された。Z-Tは2シーターの5段モデルで171万5000円になり、最高は2by2 オートマチックの196万2000円に達した。

1975年ダットサン280Z <1975 Datsun 280Z with bulky 5-mile bumpers for US market> 1975／76年当時の対米輸出用車の姿。アメリカの安全要求による大型の衝撃吸収バンパーがZの軽快なスタイルをブチ壊している。ウィンカーはグリル両端に移り、バンパー下にも大きな空気取り入れ口をもつ。

1975年ダットサン280Z 2by2 <1975 Datsun 280Z 2by2 for US market> 同じく対米輸出用の2by2。この大きなバンパーは1974½年モデルの260Zから用いられた。

1977年ダットサン260Z 2by2 <1977 Datsun 260Z for European market> ヨーロッパ（フランス）向けの260Z 2by2で、まだ排ガス規制も安全基準も及んでいないので、2.6ℓのツインSU付き150ps（DIN）、210km/h、0-400m17.0秒と宣伝している。

1977年ダットサン260Zのダッシュボード
<Instrument board of Datsun 260Z for European market> 左ハンドルのダッシュボードはほぼ完全に左右対称だが、サイドブレーキ・レバーだけはセンターコンソールの向こうの元の位置に留まっている。

1978年フェアレディ280Z-T S130 <1978 Fairlady 280 Z-T, fully changed 2nd generation Z> 初のフルモデルチェンジを受けた第二世代のZ。初代のイメージを残しつつ新型であることを強調しなければならないという、二律背反的な要求を満たす妥協の産物である。しかしパワーステアリングを新設、ブレーキをベンチレーテッド・ディスク／ディスクにするなど、各部は大幅にリファインされた。

フェアレディZの変身

ほぼ9年の間に53万2000台近くも生産されるオリジナルZは、明らかにモデルチェンジの時期を迎えていた。しかしどんな商品についても言えることだが、大々的にヒットしたものの二代目を作るほど困難な仕事はない。果たせるかな、総生産の8割を吸収したアメリカの販売店からは、「モデルチェンジはしてもよいが、できるだけイメージを変えないで欲しい」という強い要望が出された。明らかに矛盾である。1969年10月の東京モーターショーでオリジナルZが発表されてから8年10カ月後の1978年8月にフルモデルチェンジされた新型フェアレディZは、まさに矛盾した要求に応えるコンプロマイズの産物であった。メーカーは「1980年代のスポーツカーのあるべき姿を模索した」と説明しているが、ますます強まる安全性、低公害、省資源の要求を満たしつつ、Zはよりマイルドに、より乗用車的に変身したのである。

確かにそのスタイリングはオリジナルZのシルエットをよく留めてはいるが、全体に線は直線的に、面は平面的になり、やや生硬な感じを受ける。そのうえ表面には変化のための技巧が凝らされており、オリジナルZの無駄なフリルを廃した純粋な美しさは失われてしまったと言ってよい。言葉を換えれば、最大の市場によりよくアピールするように、アメリカナイズされたということである。それはダッシュボードにも言えることで、オリジナルの別個の庇をもつタコメーターとスピードメーターは、一つの大きな台形の中に収められ、細身のY字形の3本スポークをもつステアリングホイールも、ごつい2本スポークになった。ヨーロッパ系のマニアックなデザインから、よりアメリカ的な重厚なものに変わったといえる。

ボディのシルエットが温存されたので、シャシーは旧型と共通かと思いきや、これがフロアパンに至るまで新設計である。前輪懸架はマクファーソン・ストラットのままで、後輪も特徴的なストラットを留めてはいるが、位置ぎめをするロワー・アームがウィッシュボーンからブルーバードのセミ・トレーリングアームに変えられた。日産の技術者自身、ウィッシュボーンの方が横剛性が高いことを認めているが、主として乗り心地の向上のためにセミ・トレーリングアームが採用されたという。ここにもフェアレディZの変身が看て取れる。

シャシーではこのほか、ステアリングがマニュアルのラック・ピニオンに加えて、リサーキュレーティング・ボールのパワー付きを新設、ブレーキも前がベンチレーテッド・ディスクに、後ろがアルフィン・ドラムからディスクになったのは大いなる進歩である。パワー・ステアリングは、ローレルなどと共通の速度感応式である。

エンジンのみは従来のZと基本的に同じL型直列6気筒SOHCで、日産がEGIと呼ぶ電子制御燃料噴射をもつ。2ℓのL20E型が130ps、2.8ℓのL28Eが145psで、オリジナルの末期と同スペックである。一方でボディはホイールベースが15mm、全長が225mm、全幅が60mm、トレッドが前30mm／後35mmそれぞれ大きくなっており、最もベーシックな2ℓの2シーターZで1175kgと60kg重くなっている。この頃になると道路交通の安全確保の見地から、日本では自工会を中心に最高速度を公表しない申し合わせが行なわれたので、性能の公称値は得られない。しかし空力的には僅かながら改善されていたので、末期のオリジナルZの性能は維持されていたものと思われる。

新たに2ℓと2.8ℓ、2シーターと2 by 2の4モデルすべてに、Z、Z-L、Z-Tの3グレードが設定された。Z-Tにはアルミホイールにミシュランのxvsタイヤが標準で装着された。価格は物価の高騰もあって最もベーシックな2ℓ、2シーターのZで146万円になり、ほとんどのモデルは200万円以内に収まっていたが、エアコンまで標準の280Z-Tの2 by 2では実に237万5000円に達した。コーナリング性能より乗り心地を重視したサスペンションにも象徴されるように、まだ硬派の資質を留めていた旧型Zに対して、新型Zは安全快適なファスト・ツアラーに変貌、もはや新型でレースやラリーをしようとする人はいなかった。

そこで幾分なりともスポーツカー的なムードを取り戻そうとして設けられたのが、着脱式のハードトップをもつTバールーフである。1979年のフランクフルト・ショーにプロトタイプが出品され、欧米で間もなく市販化され

1978年フェアレディ280Z-T 2by2 S130 <1978 Fairlady 280 Z-T 2by2> ボディはまったくの別物で、オリジナルZのフォルムをよく留めているが、各部はより洗練されて重厚さを増し、初代の軽快さと野生味は失われた。それはそのままフェアレディの性格の変化にも通じる。2.8ℓモデルには前後オーバーライダーが付く。シャシー回りでは後輪の独立懸架がストラットとウィッシュボーンから、セミ・トレーリングアームになったのが最大の変更点で、乗り心地はより乗用車的にソフトになった。

1978年フェアレディZ-T 2by2 <1978 Fairlady Z-T 2by2> アルミホイールとミシュランXVSタイヤが装着されるZ-Tモデル。エアコンとクルーズコントロール機構が付く。全ての2.0ℓモデルにはバンパーにオーバーライダーは付かない。全長は2.8ℓモデルに比べ80mm短く4540mm。

1978年フェアレディ280 ZのL28Eエンジン <L28 engine of Fairlady 280Z with L-Jetronic type fuel injection and triple catalytic converters to comply with Japan's 1978 emission control> 吸入空気量感知式電子制御燃料噴射と三元触媒で53年規制をクリアしたエンジン。国内ではL24Eはなくなり、145psのL28Eと130psのL20Eの2本立てになった。280 Zには初めからエアコンが標準装備された。

1980年フェアレディ280Z-T　Tバールーフ　<In September 1980, T-bar roof model with two-piece detachable hardtop was added to all Z cars including 2by2>　ポルシェのタルガトップなどに倣った着脱式のハードトップをもつモデルで、外したところを上空から見るとウィンドシールドの上部と中央の背骨がT字形をしているところから、Tバールーフと名付けられた。2ℓ、2.8ℓ、2シーター、2by2の全モデルにある。

1980年ダットサン280ZX　2 by 2　Tバールーフ　<1980 UK model of Datsun 280ZX 2by2 with T-bar roof>　Tバールーフは2by2にもあった。これは対英輸出モデルで、早くもZXの名称が用いられている。もはやスポーツカーというより豪華GTと呼ぶべきである。

1981年フェアレディZ-L <Fairlady Z-L after 1981 minor change> フェイスリフトを受けボンネットがNACA型インテークとルーバーの非対称になったモデル。このチェンジで2ℓにもオーバーライダーが付き、バンパーの一部がボディと同色にされた。新しいデザインのアルミホイールが採用されている。

1981年フェアレディZ-L <1981 Fairlady Z-L> センターピラーがマットブラックになった結果、サイドウィンドーは前後つながって見えるようになった。

たが、運輸省の認可が下りて国内で発売されたのは1981年11月であった。着色合わせガラスのトップ部分が左右別々に取り外せるようになっており、外したトップはトランクに格納される（しかしそうするとトランク・スペースはかなり小さくなってしまう）。左右のトップは別々にも取り外せるが、双方を同時に外すと中央にがっしりとした構造材が残り、それが上から見るとT字の形をしているので、Tバールーフという。運輸省が認可を渋ったのは安全性への懸念からで、そのためモノコック・ボディは中央部分で強化され、着脱式トップは装着時三重にロックされ、外したトップは左右2枚で2シーターのものが6kg、2 by 2のものが7kgだが、車重は前者が20kg、後者で25kgも増えており、いかに各部が強化されているかがわかる。価格は2ℓ・2シータ

ーのZ-Tが201万6000円から、2.8ℓ・2 by 2のZ-Tの268万7000円までとなっている。

このように変身（変心？）したフェアレディZではあったが、しかし日産のマーケット・リサーチと製品企画は当面当たったようだ。1978年はまだ旧Zが4万7000台ほど生産されており、しかも新型は年度途中の8月の発売であったにもかかわらず、4万4000台もが生産された。新型のみとなった1979年には実に10万5000台を生産、旧型Zのベストであった1977年の8万4000台を凌駕した。だが次の年、即ち日本の乗用車生産が初めて700万の大台を超え、また四輪車の総生産が初めて1000万台の大台を超えて1120万台に達した1980年、Zの年産は早くも7万台に低迷、その後は下降の一途を辿っていった。世界のスポーツカー・ファンにとっては、オリジナル

Zこそが"Zカー"であり、中でもサーキットやラリーコース上で暴れ回った240Zこそ"Zの中のZ"であったのだ。

しかしながらフェアレディZは依然としてアメリカ日産にとっては必要不可欠な車種であり、その後もマイナーチェンジをくり返してゆく。第二世代目のZは1981年10月に内外をリファインされ、ボンネット上のベンチレーターは右がルーバー、左がNACA型インテークの非対称になり、センターピラーも換気用のスリットが目立たない黒塗りとなった。さらに1982年10月には、2ℓ・ターボチャージャー付きのモデルが2000ターボZ-Tの名で追加発売された。これは既にセドリックやグロリアなどに使われていた145ps仕様で、それに組み合わされる5段ギアボックスとファイナルのレシオも改訂された。同時にメーカ

ー装着としては初の60タイヤを、15インチの派手なホイールに組み合わせた。2000ターボは2シーターと2 by 2の双方にあり、グレードもZ、Z-L、Z-T、Z-T・Tバールーフのすべてがあった。2シーターのZ-T仕様で220万2000円で、オプションでデジタルメーターにすることもできた。

アメリカ・デザインのZ31

フェアレディZの累計生産が遂に100万の大台に達した1983年9月、2度めのフルチェンジが行なわれる。前後するが日産社内の型式名称では初代がS30型、二世代目がS130であったのに対し、三世代目がZ31となった。第三世代のZ31はボディとエンジンを一新し、サスペンションをリファイン、ブレーキを強化したものである。ボディはまたしてもオリジナルのイメージを壊さないよう細心の注意を払ってデザインされており、まったくの新型車のイメージには乏しいが、実はモノコックから新しい別物である。Cd値は2シーター、2 by 2ともに0.31で、第二世代のS130の0.36より大幅に改善されている。

エンジンは遂に古典的な直列6気筒SOHCのL型と訣別し、最新のVG型60°V6 SOHCの2ℓと3ℓになり、すべてギャレット・エアリサーチ社製のT3ターボチャージャー付きとなった。もちろんECCS制御のEGI（電子制御燃料噴射）付きで、1998ccのVG20E-Tが170ps、2960ccのVG30E-Tは230psと、フェアレディZは大きなパワーリザーブを手に入れた。これらに組み合わせられる変速機は2ℓと3ℓでギア比の異なる5段フルシンクロと、4段オートマチック（最もベーシックな2ℓ、2シーターには付かない）である。この自動変速機は2ℓ用の方が進んでおり、全速ロックアップ付きで、しかも変速パターンをコンピューターで自動的に調節するものである。

サスペンションはマクファーソン／セミ・トレーリングアームと形式上は第二世代と同じだが、全面的に新設計されており、特に後ろのコイルスプリングとダンパー位置を変えることによってトランクスペースを拡大した。同時にダンパーはコクピットから効きめを3段階にコントロールできるようになった。ベンチレーテッド／ソリッドの4輪ディスクブレーキも、サーボをタンデムにして大幅に強化されている。

ボディは従来どおり2シーターと2 by 2の2種で、Tバールーフは11カ月遅れて登場する。2ℓを200、3ℓを300と呼び、グレードはZ、Z-S、Z-Gの3種に加え、300にのみ最上級のZ-Xが設けられた。2シーター、5段ギアボックスの300Z-Xで車重は1325kgに達したが、増強されたパワーはそれを補って余りあり、0-400m 14.7秒、0-100km/h 6.2秒と公表された。例によって最高速度は発表されないが、ヨーロッパ向けの最強モデルでは"250km/hクラブ"入りを目指していたから、国内向けの速さも推測できよう。価格は300Z-Xで実に320万円にもなり、第一世代2ℓZの3倍以上に達した。Z31型フェアレディZは、ある面ではS30型へ先祖返りしており、しかもいっそう高性能化しているが、反面各部は大幅にリファインされており、その分だけオリジナルの野生味は失われたと言うべきだろう。

Z31型には途中でユニークなモデルが追加される。まず1985年末には、V6エンジンが基本のZ31型に、再び直列6気筒エンジンを搭載したフェアレディZ 200ZRが生まれる。これはスカイラインの4ドア・ハードトップGTパサージュ・ツインカム24Vターボに積まれていたDOHC24バルブのターボチャージャー付きユニットで、2ℓから180psを発生する。この頃から新型車のエンジン出力はJIS-net表示になっており、旧gross表示のスカイラインの210psと同じとみてよいだろう。ターボチャージャーは日産自製で、ニューセラミックのローターをもつ。200ZRは2シーターと2 by 2にあり、それぞれ装備により2グレードがある。最も廉価な2シーター200ZR-Iで244万3000円であった。なお外観上200 ZRは長い直6エンジンをカバーする、ボンネット上の大きなバルジで識別は容易である。

さらに1986年末には、300ZRも追加される。日産はこの"R"（レーシング）にDOHCの意味を持たせているようで、300ZRは3ℓ、V6ユニットをツインカム24バルブとしたものである。SOHC12バルブにターボチャージャーをもつ300Z-Xの195psに比べると出力は190psに留まるが、連続的にスムーズに吹け上がるNA（自然吸気）を好む人のためのものと言える。この300ZRの導入を機に、300Z-Xは4段オートマチックのみ、300ZRは5段

1983年フェアレディZ 2シーター 300Z-X Z31 <1983 Fairlady Z 2 seater 300Z-X, totally redesigned 3rd generation> 2度目のフルチェンジを受けた第3世代のZで、内外は完全に新しいが、依然初代のZのイメージを強く残す。最大の変更点は口の悪いジャーナリズムから「大きく重く眠い」と酷評された直列6気筒SOHCのL型エンジンを捨て、60°V6 SOHCのVG型エンジンを採用したことだ。すべてターボチャージャー付きで、2ℓの200Zと3ℓの300Zとになった。シャシーは全面的に改良されている。

1983年フェアレディZ 300Zのエンジン
<3rd generation Z had 2 ℓ or 3 ℓ SOHC V6 unit with electronic fuel injection and turbocharger> 60°V6、SOHCのVG30E-TエンジンはLジェトロニック・タイプの電子制御燃料噴射とギャレット・エアリサーチのT3ターボチャージャーで230psを出す。初代のZのボンネット下とはまったく異なる、ハイテクの世界だ。

1983年フェアレディZ 300Z-Xのダッシュボード
<Instrument board of 1983 Fairlady Z 300Z-X. At the far left is booster gauge of turbocharger> モダーンだがビジネスライクなダッシュボード。左端にターボチャージャーの圧力計がある。

1983年フェアレディZ 300Z-X 2シーターのインテリア
<1983 Fairlady Z 300Z-X 2-seater's interior>
スポーティーさより豪華さが際立つZ31系のインテリア。完全にアメリカ人の求めるスポーツカーのイメージに合致している。

上：1985年フェアレディZ 2シーター 200ZR-Ⅱ Tバールーフ <1985 Fairlady Z 2-seater 200ZR-Ⅱ T-bar roof, again with 2ℓ in-line 6cyl. DOHC 24 valve, turbocharged engine> V6になってからのZ31に、1985年10月、再び直列6気筒モデルが追加された。スカイラインの4ドア・ハードトップGTパサージュ・ツインカム24Vターボの2ℓ・180ps（net）エンジンを搭載する。ボンネット上の大きなエアインテークと、ドアの TWIN CAM 24VALVE の文字でV6と識別される。写真の2シーターはテールに大きなスポイラーを備えている。

右：1985年フェアレディZ 2by2 200ZR-Ⅰ <1985 Fairlady Z 2by2 200ZR-Ⅰ with additional air scoop on engine hood> 直6 DOHCの24バルブ・エンジンは2シーターのみならず、2by2、Tバールーフなど全モデルに存在した。

1985年フェアレディZ 2by2 200ZR-Ⅱ Tバールーフ <1985 Fairlady Z 2by2 200ZR-Ⅱ T bar roof> 2by2のTバールーフで6気筒DOHC、24バルブ、ターボエンジンをもつスーパーモデル。

1986年フェアレディZ 2シーター 200ZR-Ⅱ Tバールーフ <Fairlady Z 2-seater 200ZR-Ⅱ T-bar roof after 1986 facelift> 直列6気筒、DOHC、24バルブ、ターボチャージャー付き2ℓエンジン付きの200ZRも、1986年に大幅なマイナーチェンジを受けた。

左：1986年フェアレディZ 2by2 200ZR-Ⅱ Tバールーフ <1986 Fairlady Z 2by 2 200ZR-Ⅱ T-bar roof> リアクォーター・ウィンドーが三角形なのが2シーターで、台形をしているのが2by2だ。

1985年フェアレディZ 200ZRのエンジン <1985 Fairlady Z 200ZR engine replanted from Nissan's Skyline 4-door Hardtop GT Passage Twincam 24V Turbo> スカイラインから移植された直6、DOHC、24バルブ、ターボ付きエンジン。

上：1986年フェアレディZ 2シーター 300Z-X Tバールーフ <1986 Fairlady Z 2-seater 300Z-X T-bar roof after an extensive facelift> マイナーチェンジした後期型で、フェイスリフトとは言え多くのボディパネルは新しい。各部のエッジがスムーズに丸められており、空気抵抗は減っているだろう。

右：1986年フェアレディZ 2by2 300Z-X Tバールーフ <1986 fairlady Z 300Z-X T-bar roof> 200Zとの外観上の違いはややワイドなホイールと、それを覆うための拡幅された前後フェンダーである。

1987年ニッサン300ZX ターボ <1987 Nissan 300ZX Turbo, UK model> Z31系では最終に近いモデルで、さらに細部に変更が見られる。これが右ハンドルの対英輸出用2by2 300ZXで、車名がDATSUNからNISSANに変わっている点に注意。

上：1989年フェアレディZ 300ZX ツインターボ 2シーター Tバールーフ <1989 Fairlady Z 300ZX Twin Turbo 2-seater T-bar roof, the latest 4th generation model> 1987年7月に発表になった四代目Z32系フェアレディ。全幅1.8m、自重1.5トンもある豪華スーパーカーで、もはやスポーツカーの範疇を越えたと言うべきだろう。

左1989年フェアレディ300ZX 2by2 Tバールーフ <1989 Fairlady 300ZX 2by2 T-bar roof> 若々しくきゅっと引き締まっていた小娘のZも、20年目の第4世代ではすっかり円熟したグラマーになってしまった。巧みなデザインのため2シーターと2by2の区別はつきにくいが、フィラーキャップがリアホイールアーチの後ろにあるのが2by2だ。

マニュアルと4段オートマチックと再編成された。この5段ギアボックスも、従来のボルグ・ワーナー製から日産自製になり、改良された。

豪華GTのZ32

フェアレディは1989年に3度目のフルモデルチェンジを受け、四代目のフェアレディZ、300ZX（Z32）となった。それは時代を反映して曲面豊かなセクシーとも言えるスタイリングをもち、2シーター、2シーター・コンバーチブル（固定ロールバー付き）、2 by 2の3モデルとなった。しかし全幅は1.8m、車重は1.5トンにも達し、V6、DOHC、3ℓ、230psのVG30DEまたはターボ付き280ps（以上net）のVG30DETTエンジンをもつモンスターであり、もはやスポーツカーからは遥かに遠いラクシュリー・パーソナルカーと言うべきものである。

その300ZXもまもなく舞台を去ろうとしている。スパルタンなオープン2シーターで登場したフェアレディは、時代の要請を受けてしだいにスムーズで豪華なファスト・ツアラーに成長した。しかし世界的にみれば、1989年に登場したユーノス・ロードスター（輸出名マツダMX-5／ミアータ）の大成功以来、各社が参入することでライトウェイトのオープン2シーター・スポーツ市場が復活しており、日産自動車の技術陣にも新たなる挑戦を期待したい。

上：1989年フェアレディ 300ZX 2シーター・コンバーチブル <1989 Fairlady 300ZX 2-seater Convertible> 新たに設けられたフェアレディZ系初のオープン2シーター。とは言っても頑丈なウィンドシールドフレームとロールバーが転覆から乗員を守るように計画されており、SP／SRの軽快さは望むべくもない。

右：1989年フェアレディ300ZX ツインターボ・エンジン <1989 Fairlady 300ZX Twin Turbo engine> 3ℓ、DOHC、24バルブのV6エンジンは、ターボなしの230psとツインターボ付き280psの2種になった。写真は280ps版。

1998年フェアレディ300ZX バージョンR <1998 Fairlady 300 ZX Version R> Z32は1998年10月に大がかりなフェイスリフトを受けた。フロントバンパーがチンスポイラーを兼ねた形状となり、エアインテークも中心部分に大きく開いて顔のイメージが迫力を増した。リアスポイラーも新型となった。

1989年ニッサン300ZX 2by2 Tバールーフ <1989 Nissan 300ZX 2by2 T-bar roof for European market> ヨーロッパの左ハンドル諸国向けの300ZX。

1989年ニッサン300ZXのダッシュボード <1989 Nissan 300ZX dashboard of European LHD model> これぞ20世紀末のスポーツカーのダッシュボード！ すべてが分厚く重厚だ。ヨーロッパの左ハンドル諸国向け。

ダットサン・スポーツDC3型　<Datsun Sports DC3, 1952>　4気筒860cc・20ps／3600rpm　フェアレディの原点といえるモデル。

ダットサンS211型　<Datsun S211, 1959>　4気筒988cc・34ps／4400rpm　このモデルを発展させ、1960年輸出用モデルとして開発されたSPL212型に初めてフェアレディの名称が与えられた。

ダットサン・フェアレディ1500（SP1500）　<Datsun Fairlady 1500, 1964>　4気筒1488cc・80ps／5600rpm　SUツインキャブレターを装着し、最高速度は155km/h。

フェアレディ2000　<Fairlady 2000, 1967>
4気筒・1982cc　145ps／6000rpm　このシリーズ最強のモデルとしてレースでも活躍したSR311。

Zの開発途中に描かれたZベースのGTレース車イメージスケッチ　画・吉田章夫　<Image sketch by F. Yoshida>

Zプロトタイプ　<Z prototype, 1968>　手前のモデルがタルガトップのオープンタイプで、奥のモデルが標準型プロトタイプ。日産設計館屋上にて。

ダットサン260Z　<Datsun 260Z, 1974>　6気筒2565ccを搭載したヨーロッパ輸出用の2シーターモデルでオーバーライダーが標準で付く。

ダットサン260Z 2+2　<Datsun 260Z 2+2, 1974>　写真のモデルはヨーロッパ向けで162ps／5600rpmを発生、アメリカ向け260Zは139ps／5200rpm。

フェアレディ240ZG　<Fairlady 240ZG, 1973>　専用のロング（グランド＝G）ノーズ（190ミリ延長）と前後にオーバーフェンダー、ヘッドライトカバー等を装備した国内向けモデル。

第4回日本グランプリ <The 4th Japanese Grand Prix 1967> 1967年に発表後、すぐにサーキットに登場したフェアレディ2000（SR311）。

1969年のモンテカルロ・ラリーに出場したフェアレディ2000（SRL311） <Fairlady 2000 at Monte Carlo Rally 1969>

1970年鈴鹿1000kmレースでのフェアレディZ432R（PS30）　　<Fairlady Z432R at Suzuka 1000km Race>

1971年第40回モンテカルロ・ラリーでのダットサン（フェアレディ）240Z（S30）　　<Datsun 240Z at Monte Carlo Rally 1971>

サファリ・ラリーで疾駆するフェアレディ240Z　<Datsun 240Z at Safari Rally 1972>　Zはサファリ・ラリーで総合優勝（1970／1973）を飾るなど優秀な戦績を残した。

1973年モンテカルロ・ラリーでの240Z　<Datsun 240Z at Monte Carlo Rally 1973>　ダットサンチームは、1971年から'73年まで3年間にわたってこのモンテカルロ・ラリーにZで参戦した。

初代Zデザイン開発手記
How I developed Datsun 240Z Styling

松尾　良彦 ── 初代Zプロジェクト・チーフデザイナー／現PDSプロダクトデザイン設計事務所主宰
Yoshihiko Matsuo

はじめに

時が経つのは早いもので、今年1999年秋で初代Z（240Z）が出てから何と30年目である。

昨1998年秋、初代米国日産社長を務めたミスターKこと片山豊さんが240Zの販売成功を主な業績として米国自動車殿堂AHF入りを果たした。新装成った殿堂前庭に展示された新車同様の240Zのまわりに集った多くのゲストから、今でもデザインが古くなく魅力的だと称賛されたが、翌日の授賞式で多勢の来賓を前に片山さんが受賞スピーチをした折り、240Zのデザイナーとして私を起立させて皆に紹介した。万雷の拍手を受け、大変感激したものである。

全米のZクラブは今年もオクラホマ州でミーティングを行ない、片山さんも出席したが、明2000年は30周年の大イベントをラスベガスで開催する予定である。国内でも熱烈なZファンがイベントを行なっているし、このところ内外の出版物に数多く取り上げられたり、フォード博物館デザインコーナーにモデルが展示されたりして、歴史に残る車と位置づけられている。240Zの人気が高いことから米国日産は再生車を売り出したが、人気殺到で能力の数十倍の受注に苦慮する始末である。自動車の本場米国でも忘れられずにこうして皆に引き続いて評価を受けていることは、担当者としてデザイナー冥利につきない。

プロジェクト開始のころ

約35年前、日本車はやっと輸出が本格化したばかりで、アジア製の安物小型車といった存在でしかなかった。そういった頃に、本場の米国でスポーツカーを成功させたいという子供の頃からの私の志は、当時の日米格差を考えれば夢物語に近いものであった。

1965年頃から日産のスポーツカーデザインのチーフになったが、たまたま帰国中の片山

フォード・ミュージアムのデザインコーナーに飾られたZのモデル。＜Display in the Ford Museum＞

米国日産社長が開発部門に立ち寄った際に、資源も何もない日本が安物ばかり作っていては将来は無く、知恵とセンスで尊敬され売れる車を作るべきだといった意見を述べられ、大いに賛同した。この頃、ニコンFカメラが従来のようなドイツ製のコピーでないオリジナル高級機として高い評価を国際的に受けつつあったのだが、カメラ好きの私はこれからは車もこうあるべきと思った。

佐藤章蔵氏はこの初代ブルーバード310や初代セドリック30等、日産車の基礎を作った。
<Datsun 310, the first real postwar production car of Nissan>

プロジェクトが細々と始まった時、私はこれからのスポーツカーのコンセプトを書き上げたが、その手書き原稿が今も手元に残っている（p.86-87参照）。要は、従来のフェアレディのオープンカー的なものの単なるモデルチェンジではなく、これから厳しくなる安全性、快適性、実用性を充分備えながらファンなスポーツカーとしての資質を有し、手を入れればレースやラリーでも勝てるポテンシャルを持ち、そして何よりも国際的に通用する新世代の魅力的で空力に優れたスタイリングとインテリアを備えることが最重要事項であると謳いあげたものであった。また従来の月産300台程度の少量生産でなく月産3000台以上の量産とし、輸出のコアを成す車として充分な利益を得ようといった欲張ったものでもあった。結果的にはこれ以上に達成されたのであったが、社内の上層部に耳を傾けてくれる人は片山さん以外いなかった。あの時代であの頃の日産では無理からぬ事であった。そこで早くモデルを作り、それがいかに魅力ある商品になるかを実証すべくがんばるだけだと思った。

そのモデルを見せることで片山さんをその気にさせ、その販売保証で開発部門のトップや経営トップからプロジェクトの承認を得なければ実現しないと思ったものである。

スポーツカー・チーフデザイナーになるまで

私は子供の頃から自動車が大好きで、とりわけスタイリングに興味があった。子供の時、母の実家であった播州赤穂西郊の庄屋の奥座敷の襖いっぱいに書院から持ち出した硯と筆で自動車の絵を描いて大目玉をくらった覚えがある。その後父の希望で大学は経済を受けることにしたのだが、やはりデザインがやりたくてやり直し、浪人したりして結局バウハウス帰りの山脇巌教授の指導する日大に入った。当時No1企業の日産は東京にあって人気が高かったが、デザイナーは国立の芸大と千葉大からしか採っていなかった。だが就職のための夏季実習になんとかもぐり込むことに成功、車に関する実技ならこっちのもので、これら国立大から受けた人達の多くは単に一流会社に就職するのが目的で、車でも電機でも別に何でもよいようだった。当然、既に車に関して相当の知識を持っていた私が彼等に実習で差をつけるのは簡単で、結局初の私大卒デザイナーとして入社した。ホンダのような実力主義の企業ではかなり以前からデザイン本部長格は私大卒で常務まで昇進しているし、トヨタも現在の本部長格は私大卒になったが、日本ではいまだに実力主義ではない官僚的人事の企業も多く、それらは一様に創造性が低く競争力が弱いように思う。記憶力を重視する日本の国立大入試では、今求められている創造性に対応できない。欧米に追いつくことが目標だった発展時代は良かったが、今日の国際競争時代ではこうした体質が日本企業の弱点になっている。特にカーデザインは独自の創造力とセンスが必要で、学校さえ出ればできるという部門ではない。

私が日産に入社した頃は、日産デザインを指揮して、国産初の本格的量産小型車ダットサン110を成功させ、さらに初代ブルーバード310、初代セドリック30を成功させて日産をNo1企業にした佐藤章蔵氏が種々の軋轢で退社された時期である。当時の経営陣は、自由化を控え、さらにトヨタの追い上げに対し、リーダーの抜けた自社デザイン部門を危惧して、当時既に有名であったピニンファリーナに2代目ブルーバード（410）および2代目セドリック（130）のデザインを依頼した。大御所による素晴らしいデザインでトヨタやいすゞ等のライバルに圧倒的な差をつけようとの戦略で、当時貴重な外貨の大枚をはたいたのであった。

そうこうしている間にトリノから紺色のプロトタイプが送られて来た。さすがに内装を含め仕上がりは素晴らしいもので、皆は大ピニンファリーナの神様がデザインしたものとばかり畏敬の念で感嘆していたが、私はこのデザインは日本では売れないと思いそう主張したところ、部門長から新入社員が何を生意気で馬鹿なことをと大叱責を受けたのであった。こうした欧米の有名ブランドにひれ伏す傾向は、今でも自動車雑誌の評論等に多く見受けられる傾向であるが、自分で見抜く力がないからである。1964年型として発売された2代目ブルーバード410は私の予言通り不評で、その後発売された3代目コロナRT40に敗れ、続いて発売した2代目セドリック130車もプレステージ感が無いと不評で、新型クラウンに敗れたのであった。当然業績も下がって1位の座をトヨタに明け渡し、二度と追

当時のスタジオスナップ。左：インテリアの千葉。右：チーフ松尾。
<Design studio at that time, right: Matsuo the chief designer, the author>

い越せなかったばかりか、その後もずるずると後退し、遂に今日のように外国企業に資本援助を仰ぐまで凋落した。私はその原因の一つが、この時に始まる度重なるデザインの失敗であったと見ている。

この2代目ブルーバードの頃からフルサイズ・クレイモデルの技術が導入され、デザインスケッチもパステルやマーカーが用いられるようになり、デザイン業務も大幅に変わった。

ブルーバード410の不振は日産の開発部門に大変なショックを与え、経営陣からも何とかしろと圧力がかかった。デザイン部門長はブルーバードの改善業務を、批判した私に担当させたのだった。まず荒っぽいグリルを繊細なデザインにして第1次マイナーチェンジを行なったが、当時の自動車誌にほめられたことを覚えている。次に垂れ尻（タレッチリ）と不評であったリアエンドを、リアドアからリデザインする作業を行なった。その一方で私は、この車は単にマイナーチェンジしても結局それ程の人気回復はむつかしいと考えた。

そこで、当時欧州でスポーツセダンが生まれラリーやレースで活躍していることを知っていたので、この欧州的デザインの車をデザインではなく性格を変えてスポーツセダンにすることを考え、そのコンセプトを原禎一設計部長に直接提案したのであった。普通ならこんなコンセプト提案を下っ端の一デザイナーが行なっても通るはずがないのだが、デザイン部門長がこうしたマニア好みを理解しない人だったこともあり、私としては直訴せざるを得なかったのだ。ところが設計部長も策に窮していたらしくOKが出て、SS、SSS車を設定することに成功したのである。いずれもSUツインキャブの1.3ℓと1.6ℓで、フロアシフトの4速に変更（一般車はコラム3速だった）、SSS車にはブラックのバケットシート、タコメーター付きの丸3眼メーターを装備した。SS、SSSのマークにはチェッカー模様を配し、それをリアクオーターにも付けて目立つようにした。これは大成功で、折から開催された鈴鹿のレースでも圧倒的な強さを発揮、ノーマルよりも3割以上高価にもかかわらず大人気となって、売上げと収益の増加に寄与しただけでなく、スポーティーなブルーバードのイメージ構築に成功したのであった。それ以降、SSSは歴代ブルーバードの看板車種となったのである。当然ライバル達からも追随車が数多く出る結果となった。

1965年頃組織変更があり、大きくなりすぎた設計部門を乗用車中心の第1設計部と商用車中心の第2設計部に分けることになり、デザイン部門も第1造形と第2造形に分かれた。第2造形は商用車と当時開発中だった大衆車、初代サニーを担当することになったのだが、それまでスポーツ車系を担当していてフェアレディスポーツの面倒を見たり、シルビアの開発やヤマハとの共同開発に着手していたが中止となったプロジェクト（A550X）を担当してしてきた木村一男氏が第2造形に行くことになった。さらに第1造形を第1～第4スタジオと分け、第4スタジオをスポーツ担当としたが、スポーツセダン等の実績によって私がチーフデザイナーになったのである。そしてフェアレディの次期モデルを開発することになり、わずか3人という小所帯でスタートしたのであった。

その時、それまでのスポーツカー業務は一切白紙になり、我々は全くゼロからスタートすることになった。一部の雑誌等に木村氏達がやっていたヤマハとの共同開発とそれに伴うコンサルタントのギョエツ氏（一般にはドイツ語読みのゲルツと表記されているが、社内ではこう呼んでいた）のプロジェクトが後のZと関係するように記されているが、それは全くの誤りで、この時点で完全にとり止めになっていて私には何の引き継ぎもなかった。また米国でギョエツ氏がZの原デザインは自分だと現地の雑誌等に吹聴したりして、一時米国ではそのようにとられていた時期もあったが、全く事実に反することで、片山さんがそれをきっぱり否定して最近はそんなことはなくなった。このヤマハとのプロジェクトの車は少量生産GTで、リトラクタブル・ヘッドランプを備え、リアがハッチではないクーペだったが、やせぎすで古い感覚のデザインであった。結局この車のコンセプトはヤマハがトヨタに売り込み、トヨタのデザインでトヨタ2000GTとなったのである。

左：日産とヤマハにより共同開発されたA550X試作車。だが両社は決裂して中止となった。リトラクタブルランプ、ノンハッチバックでZとは基本的に異なる。
<A550X, an experimental car by joint project of Nissan and YAMAHA, was to be discontinued soon. Basically different from the Z car, with retractable headlamps.>

右：ヤマハはトヨタにコンセプトを売り込み、トヨタのデザインでトヨタ2000GTが出来た。
<Toyota 2000GT, produced in cooperation with YAMAHA.>

方針も何も無くスタート

1965年末に発足した第1造形部門の第4スタジオは、わずか3人（私とアシスタントデザイナーの吉田章夫、インテリアの千葉陶）でスタートした。といっても何もプロジェクトとしてオーソライズされていなかったので、方向性もレイアウトもそしてスケジュールも全く白紙の状態からの模索で始まった。当面、自分達で適当にコンセプトを作り、適当なレイアウトを考えるという状況で、次期スポーツのデザイン開発を始めたのであった。

当時、日産のデザイン部門は横浜の鶴見区大黒町にあった。1961年に建築された殺風景な4階建て設計館最上階にスタジオがあり、フルサイズクレイの作業場は社内通路をはさんだスレート葺きの平屋の倉庫みたいな粗末な建物で、今でもこれらの建物はベイブリッジ大黒JCから生麦JCに向かう右側に残っており、たまにそばを通るとあの頃の苦闘の日々が思い出されて感傷的になる（その後、日産の開発部門は厚木西郊に移った）。

スポーツカー担当の我々のスタジオでは、まずスポーツカーの勉強として社内の参考用に購入してあったスポーツカーを借り出して調べた。アルファロメオ・ジュリアスパイダー、MGA、ジャガーEタイプ・クーペ等のほか、なぜかフランスの少量生産車ファセル・ヴェガの小型車ファセリアもあった。当然SP／SRフェアレディスポーツもよく乗ったものだが、これらのうち小型オープンスポーツは趣味的な車で、晴れた日に短距離ドライビングを楽しむのなら良いが、快適性や実用性は二の次だったし、クーペのジャガーEタイプも大型で高価な割に室内は狭く、乗降性は劣悪で荷物の出し入れもしにくく、大排気量で燃費は大食いなのに性能はそれ程でもなかった。一方米国でムスタング等のスペシャリティーカーが人気となっていたのでそれに対応することも考え、次期スポーツ開発と並行して、少量生産で終えたシルビアをモデファイして商品力を向上できないかトライした。

全長全幅全高を大きくして2+2とし、居住性を大幅に向上させ、大型角型ヘッドランプにしたりテールランプも大きくしたりして大改造を試み、プロトタイプまで作ってみた。これはなかなか良い出来上がりで、オリジナル・シルビアのシャープでコンパクトな感じから印象はかなり変化し、大人のパーソナル・スペシャリティークーペとして立派になり、実用性も向上した。しかしこの車をどこで量産するか、その設計工数をどうするかという問題で、これを進めると本命の次期スポーツに遅れが出るということでボツとなった。なお、検討途中ではファストバックも試みた。

4気筒2ℓでスタート

さてその次期スポーツはさしあたりSRのエンジン、すなわち2ℓ4気筒SOHCエンジンでレイアウトすることにしてスタートした。後の決定版の6気筒Z車より当然全長も短く、幅も狭い、一回り小型のあくまでフェアレディスポーツの新型車ということで、形式

1966年：シルビアを大型化（全長、全幅、全高を拡大）して2+2にした案の1/1クレイモデル。<One of 1/1 clay-models in early days: 2+2 version of Silvia coupe>

1966年：シルビア2+2案のプロトタイプ。オリジナルのシャープ感は異なるが、ひと回り大きくなり大人のパーソナルクーペの雰囲気。<Prototype of Silvia 2+2 coupe>

もオープンロードスターとして1965年末から取りかかった。

まず1/4モデルで私のA案を中心にデザインを開始した。定石通りスケッチなどでアイデアを練り、次に1/4サイズの縮小クレイモデルを作った。

1966年に入り1/1フルサイズクレイモデル制作を始めるのだが、当時設計部門の優先度は不評の410に代わる3代目新型ブルーバード510開発にあった。他にも⊕（マルチュー）と称するローレルの開発とかセドリック130の大幅なマイナーチェンジ等に工数をとられ、我々はモデラーも新人を育てながらという状態でモデルを作らなければならず、私や吉田氏はよく自分でモデルを削ったり盛ったりして率先して作業したものだった。私は次の新時代のスポーツカーは、従来のフェアレディスポーツのようにフロントにセダンと同じようなラジエターグリルが大きくついた角っぽいスタイルではなく、出来るだけフロント先端を低くし、ラジエターグリルを廃してバンパー上下にスリット状のエアインテークを設け、空力特性を良くしたモダンなGTスタイルにすべきと考えた。この考え方に沿ってスタートしたのが最終的に生産Z車につながるA案シリーズで、ヘッドランプはコスト、信頼性、パッシング機能等の理由から基本的に固定式が本命と考えた。

一方こうした空力の優れたGT風のデザインはマニアックな方向であり、もっと常識的な乗用車的なデザインのスポーティスペシャリティーカーにすべきとの意見をデザイン部門長が持っていて、そうした方針も受け入れざるを得ず、前述のシルビア2+2もその一環なのだが、次期モデル開発に際してもこうしたスペシャリティースタイルの角っぽいB案も並行して作った。この部門長の考え方は、この頃すなわち1966年から68年にかけて発売された初代サニー、510ブルーバード、初代ローレルに反映されているボクシーで平面的スタイルであったので、私の考えのA案は当時の日産デザイン内では異端児であった。

その後トヨタの初代カローラやマークIIがソフトなセミファストバック・スタイルで人気を得たのに影響され、部門長はデザインポリシーを転換、ブルーバードU610シリーズ、初代バイオレット710等のソフトフォルムにしたのだが、日産らしくないとかトヨタ追随だと言われ不評であった。

B案シリーズは結局、1967年秋まで別の人達を投入してやらなければならなかった。部門長はA案系のデザインでなくB案系にしたいのであろうと思っていたが、私は両方トライしているふりをしてA案を進めた。過去Zの開発記を載せた出版物にはこの辺の葛藤は表現されておらず、単にスペシャリティーカー的な方向の案もトライしたように記されているが、真実を伝えていない。

もし他のスタジオの人達のように従順にボクシーなスペシャリティーカー系の次期スポーツを私も作っていたら円満に社内で過ごせたかもしれないが、Zのようなヒットにもならず、当然歴史にも残らない車になったことは確かである。

この1966年に開発した次期スポーツの各案はオープンであったが、検討用に軽い発砲スチロールを加工してハードトップを作った。薄いつや消しビニールフィルムを張るとレザートップ風に見え、アクリル製ウィンドーもリアルだったし、軽く取り外しも自在で、ノッチバックに加えファストバックのものも作って検討するなど、大いに役に立った。

クローズドクーペに方針変更

この1966年秋、大きな方針変更を行なった。これまでオープンボディで検討を進めてきたが、米国で安全規格MVSSが設定されることになりオープンの幌では特にロールオーバー対策が困難であること、またこれまでのフェアレディ車でも幌のたてつけがむつかしく、雨じまいや後方視界の問題に加え、高速でのバタつき、米国での防犯上の心配等々、まさに問題づくしであった。そこで生産性も考慮して米国の片山さんも賛同され、クローズドクーペにすることにしたのである。特に、クーペといっても従来のノッチバックではなく、空力性能が良く、荷室が広くて実用性があり、かつ新しい感覚のスポーツになるハッチバックにしようと思った。当然A案もハッチバッククーペに転換した。

この頃、新しいフロントの空力処理としてリトラクタブル・ヘッドランプが登場し、我々もこれを検討すべくC案モデルを吉田氏が担当し、シースルーのファストバックモデルまで進めてなかなか魅力的に仕上がった。だがショッキングな情報が入って来た。それ

報告書

昭和41年8月発行

報告者： 松尾良彦
件名： 次期スポーツ車デザインの説明
報告目的： 次期スポーツ車の資料
内容： 1、次期スポーツ車の造形展開に際して、
　　　　　スポーツカーをとりまく情勢の分析と把握
　　　2、造形モデルのデザイン説明

1、省略

……………………………………………

2、造形課提案モデル説明「A号車について」

〔居住性〕

居住性向上の為、ファストバック型とし、室内を広くとり、荷物スペースをつくると共に、スポーツカーの客室の狭さからくる圧迫感をなくした。又、サイド・ドアーグラスに比較的強いカーブをつけ、サイズの割に広い肩位置のスペースをとり、運転を容易にさせた。後部荷物室の荷物は、テールゲートの開閉により、外から積載できる。更に、陰気な感じをもたせないよう、ドア後部にも窓をつけ、合せて、後部側方視界を拡大した。

〔安全性〕

視界を拡げ安全性を高める為、及び空気抵抗と揚力を減らす為、ウィンドシールドを乗降に差し支えない程度に巻き込ませた。また視界の妨げになるワイパーブレードを下方におりるようにし、黒色艶消し塗装とした。なお、ワイパーをかくす溝より室内空気を取り入れるようにしてある。標識ランプは米国安全基準に合わせ大型のものとしているが、欧州向けにもレンズの色を変えるだけで済むように考慮してある。バンパーは車の四隅まで保護し、高さの異なるバンパーのためにゴム付きのオーバーライダーを備えた。好みならバンパーをはずしても、ライセンスランプは車体につけてあるので差し支えない。フロントバンパーをはずせば、冷却空気流入量が増す。

〔経済性〕

生産性向上の為ハンダもりの部分を減らすよう、パネルのパーティング・ラインを、ルーフ以外には出してもよい形にし、バンパーを横にまわしたり、リヤフィニッシャーを一体にして、きたなくなる部分をカバーしている。なお、ヘッドランプ・フィニッシャーはボディーの一部となっており、ポリカーボネート製で複雑な形状を容易につくることができる。フードの合わせは、フロントフェンダーのみ考慮すればよく、ルーフは広い面積で溶接される部分はない。外板のパネルは、フード、フロントフェンダー、フロントエプロン、ドアーアウター、シルアウター、ルーフ、テールゲート、リヤフェンダー、リヤエプロンのみであり、カウルトップ、コーターパネル、ウェストパネル、リヤパネルは一体化され、或いはフィニッシャーでカバーされて消滅している。又、ユーザーの為の経済性として、空気抵抗を少なくし、燃費を減らすよう考慮した。空気抵抗係数を小さくする手段としては、フロントエンドを長く低くし、ウィンドシールドを巻き込み、ルーフをスムーズにリヤエンドまで流し、テールを切り落としている。又、リヤエプロンをあまり上げないで、渦の干渉をさけるようにした。できれば、フロアのアンダー・カバーをつけたい。又、前面面積を減らすために、ボディーサイドをホイールに対してあまりふくらまないようにし、上屋も、室内スペースを損なわない限度まで小さくしている。これらの抵抗値は今後改良の余地はあるとしても、レースの場合に充分性能を発揮できると信ずる。

プロジェクト開始のころ書き上げた報告書より抜粋

〔発展性〕
パネルを変更することによって、造形的にバリエーションを設定しやすい形にしている。オープン形、ハードトップ、2+2、レーシング・バージョンなど、パワーユニットと、リヤフェンダー、ルーフ、リヤ各パネルを組み合わせるだけでよい。

〔商品性〕
商品として考える場合、コストが重要な意味をもっているが、この車はあくまで100万円（±20万円）程度の（USAで3000ドル以下）想定で、他車と比較し、そのフォルム、性能の上で充分競争力を持っており、現在、非常に高価な高性能スポーツカーや、装備の割には高価だったり、実用性に欠けたり、やすっぽいボディーをもっているスポーツカーしかない日本の市場で、このような、セダンにひってきする居住性と価格をもち、しかも高性能な車は大きな商品性をもっていると信ずる。

〔フォルム〕
スタイリングのテーマは前進感（ダッシュ）である。どこかに古典的な雰囲気を残しながら、怪物的なところも合せもっている。フロントフェンダーの前がだんだん下っているという新しい手法によって、車全体がとび出しそうなスタイルを形づくっている。角張った箱形のスタイルの時代は過ぎた。するどい曲面によるダイナミックなスタイルの時代である。エレクトロニクスとスペースと人間の時代である。けれども保守的な人達の感覚をまったく無視することはできない。これらの条件を総合し、今後のスポーツカーとしてまとめた。
A号車説明以上。

注：B、C号車は現在進行中であるが、性格的に次様分類の予定である。
A→ファストバックのGT風スポーツカーでプロポーション的にはややオーソドックス。
B→セミノッチバックのアメリカンスタイルをとり入れ、GM高級スポーティカーの味を持ち合せたスポーティカー。（セミスポーツ）
C→コンベンショナルなノッチバックスタイルで、オーソドックスな直線的な構成でまとめたスポーティカーで、強さよりスマートさを強調した。（スペシャリティカーの方向）

造形課SP-A案モデルのスタイルポイントは…………
○今後のカースタイルの主流となりつつある動的でスムーズな曲面とするどい曲線、そしてこれらを引き締める少量の直線で構成した空力スタイルの本格的GT車とした。
○前進感を強調したダウンノーズ、カットテール（空力的にも正当）のセミウェッジを流れの良いファストバックでまとめた。
○全体的なプロポーションバランスは不安感のない、又、持続性のある近代的構成により量産スポーツカーの商品性を持たせた。
○生産性を考慮して造形した為に量産型GTスポーツカーとしてローコストであり、又、現生産設備で生産可能とするよう、車体構成及び各部品の分割方式を取り入れ、生産性の向上と共にメインテナンス性や将来のマイナーチェンジにも対応出来るようにした。
○バリエーション、特に将来性のある2+2型に改造してもそのスタイリングのバランスが悪くならないようにして対処した。又、サンルーフ型オープン車に改造も可能とし、特殊な用途としてレース、ラリー等のS仕様にも移行出来るように配慮した。将来GTワゴンも可能である。
○居住性、乗降性、視界、トランクスペース及び出し入れ性、エンジンスペース、その他ランプ類や外国法規への適応等の諸機能は全て無理なく満足するようにし、その上、用途によりラジエターグリル、フロントバンパー、ランプカバー等を取りはずしてもバランスが悪くならないようにした。
○その他、ワイパー収納、ヘッドランプフィニッシャー等は新しい手法を取り入れた。
○その他、今後のGTスポーツカーに必要な条件は全面的に取り入れてあり、今後の世界の代表的な量産型中型GTスポーツカーとなり、国内は無論、海外でもそれぞれの市場で適当な価格と優れた動力性能を備えていれば、圧倒的な成功を収めることが出来ると信じる。

以上。

1965年後期：初期のころのスケッチ。オープンスタイルでハードトップが付く。ランプまわりのデザインは②の基本となった。基本的にフェアレディSP／SRのモデルチェンジ。スケッチ手法は未だカラー鉛筆による初期のもの。（画・松尾）
<An idea sketch in early days: open-style with hardtop>

1965年末〜66年初頭：基本的にZになったA案のファストバックのアイデアスケッチ。かなりZのイメージが表現されているファストバッククーペだが、4気筒車で小振りである。スケッチにパステルが導入された新しい表現手法による。（画・松尾）
<An idea sketch in early days: fastback-style, to be developed to the Z car>

1965年末〜66初頭：最初のころのA案1/1クレイモデル。基本的にはZのデザインテーマが表現されているが、4気筒エンジン対応なのでひと回り小型で、フェアレディの新型ということでオープンタイプ。最初の1/1モデルということで張っ切って真っ赤にペイントしたが、クレイモデルの凹凸が目立った。ウィンドシールドはクレイで作り、その上に黒いフィルムを張った。フェンダーサイドにエアスクープをつけている。
<The first 1/1 clay-model: rather small size assuming 4-cyl engine>

1965年：最初の¼クレイモデル（松尾自身の制作）。A案だがオープンでデザイン。あまり精密でないラフモデルであるが、バンパーからサイドに続くキャラクターラインが特徴。1/1ではボディ幅が広がるので用いなかった。1/1に拡大するための測定用の番線がケガキ入れられている。
<The first ¼ clay-model previous to 1/1>

1966年初期：A案オープン1/1クレイモデル。最初期モデルで、発砲スチロールにビニールを張ったデタッチャブルハードトップが取り付けてある。このモデルからウィンドシールド等は薄い透明プラスチック板を用いたシースルータイプにした。ランプカバーは真空成形したもので、ボディ各部を現実的な処理に修正した。
<One of 1/1 clay-models in early days: with detachable hardtop made of urethane foam and black film>

1966年中頃：上と同じモデルの後部。リアビューはまだ初期段階で、平凡な造形である。トップは発砲スチロール製。

1966年秋：A案オープン1/1モデルにシースルーのファストバック風発泡スチロール製トップを取り付けて、ファストバックタイプのプロポーションを検討。フロントホイールハウス後部に空力（ホイールによる気流の渦）対応策を試みている。デザイン的にはフロントフェンダーに力点を置いている。このモデルでファストバッククーペが成り立つ目処がついた。
<One of 1/1 clay-models which gave assurance of success with fastback styling>

1966年中頃：スペシャリティーカー系B案の試案で、シルビア系のデザインでオープンにした1/1クレイモデル。平凡で魅力がない。
<One of clay-models in early days: open body of Silvia origin>

1966年中頃：スペシャリティーカー系B案の一つ、ボクシータイプの初期のもので、デタッチャブル・ハードトプ付き。筆者自身がかなり入れ込んで作った。フェンダーとホイールハウス間を薄くしてホイールを強調。シャープな切れの良さを表現したもので、それなりにまとまっていて気に入っていた。
<One of clay-models in early days: boxy styling>

1966年後期：B案をややソフトに作り変えたB-2案で、オープンの1/1クレイモデル。ややダルになって、スポーツカーとしての緊張感に欠ける。三角窓をつけている。全体に今一の感のあるモデルであった。
<One of clay-models in early days: open body with soft lines>

1966年中頃：初期に試みていたC案オープン基本モデルのペイント仕上げ1/1クレイモデル。リトラクタブル・ヘッドランプとし、グリルとバンパーを兼ねたアイデア。フード回りがやや扁平に感じられる。先端の空気分割点が高いので空力上は不利。
<Another trial with retractable headlamps>

1966年中頃：C案にデタッチャブルトップ付きのファストバックルーフを取り付けたところ。リアクォーター部をボディパネル色とし、個性を出す。ただし後方斜めの視界は悪い。リアエンド下部をはね上げていて空力上やや不利。

1966年秋：これがC案最終案のブルーメタのシースルー1/1クレイモデル。リトラクタブル・ヘッドランプ、バンパーガード兼フロントモール、低めのプロポーションが特徴で、かなり良い出来であった。この秋のトリノショーでマセラティ・ギブリが発表され、類似しているので中止したが、ルーフライン等をA案に盛り込んだ。

1966年秋：C案クーペ1/1クレイモデル。この後フロントエンドをやや下げるなどさらに修正し、右のブルーメタリックのシースルーモデルまで作り込んだ。

空力テスト風景。

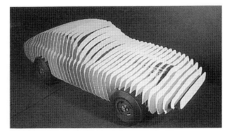
イメージ立体セクションモデル（展示用）。

1967年初期：A案シースルー1/1クレイモデル。クオーターウィンドー付きのセミノッチバックという、ややソフトなシェープのトップ（発砲スチロール製）を付けた案。若干スペシャリティースポーツ的である。ボディサイドにエアスクープのキャラクターを試みる。<1/1 clay-model of semi-notch-back styling>

1966年末：A案基本形の完成。A案のファストバック化案で、これが基本的にZになった原案である。これはまだ1/1クレイペイントモデルで、67年中頃にシースルーモデルとした。フェンダーサイドにエアスクープを設けてアクセントをつけてみたが、これは生産上問題があったので中止した。<The ultimate 1/1 clay-model of fastback styling, with side airscoops which were to disappear on the production model>

はその秋のトリノショーでマセラティ・ギブリが発表され、当時ギアに在籍したジウジアーロのデザインなのだが、それがC案に酷似していることが判ったのである。

さらに当時日産には空力テスト用風洞がなく、この1966年末に東大の本郷の古い校舎にあった小型風洞に出向いて私と吉田氏が寒風に吹かれながら1/4モデルを旧式なテンビン秤でテストした結果、C案よりA案の方が空力的に優れていたのでC案をやめ、C案のルーフ回りのまとめ方をA案に取り入れることにした。

A案重点にプロトまで進める

1967年より本格的に集中してA案のクレイモデルを進めた。特にヘッドランプをZの特徴である彫り込みの深い形（米国では砂糖スコップと愛称された）にしたのは、米国安全規格の透明カバー禁止（現在はOK）とSAE規格のランプ位置の地上60cmを満たすためで、透明カバーは国内用のオプションとすることにしたのだが、この深絞りができないという問題が起きた。そこで私は耐候性樹脂の別ピースの成形部品とするアイデアを提案し、これで解決するのだが、このような構造は当時の車では初の試みであった。こうした構造提案は私がメカにもくわしかったからできたので、単なるスタイリストではできないし、固定観念の強い技術屋には期待できない。だいたい最終の形に近いものが出来たが未だ車幅も狭く、全高はやや高く、フードが低くてL型2.4ℓエンジンも入らなかった。ウィンド

カバー付ヘッドライト（オプション）。フェンダーラインと連続させることで、デザイン上の流れと空力が良くなる。オプションで取り付けるため、ステンレス製リムで圧着する方法をとった。
<Headlight cover, optional in Japan>

右：Zの特徴的個性のヘッドランプ（米国で砂糖スコップの愛称）。この部分を別部品とするアイデアにより、フェンダーを前端がオープンのいわば2次曲面に近いものにすることができたので、生産性が向上した。コーナリング時のドライバビリティー向上のため、上から見て両コーナーを丸く削り、市内でも端をこすりにくいように配慮し、バンパーでサイドまでガードした。こうした角を丸めたデザインは空力上も良い。
<The separate headlight housing from the front fender contributed to improving productivity>

ーグラフィックやリアエンドのデザインも充分に洗練されたものではなかったが、基本的に私はこの案でいけると判断した。

この頃、米国日産の片山社長が発売前の510ブルーバードのチェックのため設計部門を訪れ、その際次期スポーツのクレイモデルも見たいと希望された。A案のオープンタイプも含めこのクーペタイプのモデル等を展示したところ、片山さんはこのA案クーペモデルをいたく気に入り、これなら欲しいと強く要望されたのであった。

結局、販売の責任者である片山さんの意向もあって、次期スポーツのプロジェクトは㋩（マルZ）と開発記号がつけられ、技術部門も本格的に動き始めた。ただ旧フェアレディスポーツ同様に、どうせ少量生産だからという

ことで、生産は系列会社の日産車体の予定であった。後に最大月産7000台近くまで行くとは誰も考えず、当初は第2次大戦中に建てた木造古工場で最小の投資ですむ手押しドーリーを用いたSP同様の生産を予定していたのだ。こうした経過でA案のプロトタイプを作ることに関して原設計部長からやっと承認を受け、設計検討用にまずクレイモデルの測定を行ない、線図を作成した。まだ便利なレイアウトマシン導入前であったので、全て定規で手による測定で、線図もバッテンと称する細くしなやかな定規による手書きであった。その後石膏雌型をとり、モデル制作部門でFRPによる待望のプロトタイプが1967年秋に完成した。

一方、同時期に測定線図によって技術担当

の第3設計課で種々検討がなされた。米国市場の要求で国内用の2ℓより大きい2.4ℓ6気筒を積むこと、さらに当時合併したプリンスでスカイラインGTのレース対応のDOHC、S20エンジンを開発していたので㋑にもそれを積むこと（これはのちに「432」になる）になったのだが、それにはクラッチやトランスミッションの強化が必要だった。また2.4ℓ用ATでトンネル幅が広がったので、大柄な米国人に合わせてゆとりをもたせるため車幅を拡大したり、フードおよびバルジを持ち上げたり、逆に尖って見えたルーフを若干さげたり、あるいは全輪独立懸架サスペンションにすることになったが、サスタワーがフェンダーと干渉するので修正しなければならない等、問題が山積した。また設計案のトレッド幅が

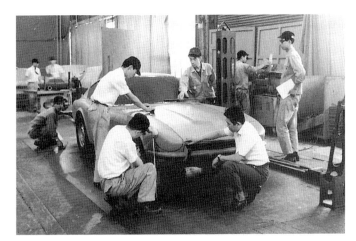

1967年夏：A案のヘッドランプのMVSS（米国安全規制）高さを検討する。手前は松尾（右）と吉田、後方はモデラーの設楽陽一（右）と栗崎勉。

1967年夏：左と同じモデルのリア部分の検討中。レイアウトマシン導入前なので、スコヤスタンド（測定用）を用いている。
<Examining height of head/tail lamps considering MVSS>

1967年中頃：A案基本形の展示クレイモデルで、塗装仕上げ。実際の生産車よりやや小さい。(全幅が狭く、フードが低い)。ファストバックスポーツとして動的バランス、ウィンドーグラフィック等、フォルム全体のまとまりが良くなった。このモデルでA案が本命であると確信した。
<Painted clay-model for display, rather narrower than production model>

1967年中頃：A案第1次完成。第1設計部長への提案用1/1クレイモデルで、やや小型の旧レイアウトモデル。最終型と較べるとルーフがやや高く、その分ウィンドーも高い。リアクォーター・ウィンドーがシャープな造形でやや固い。ウィンドシールドを不必要に寝せず、プランで巻き込んだ造形で空力に対処した。ルーフは出来るだけ薄く、ピラーは細くモダンにした。
<Clay-model in final stage, rather taller than production model>

1968年初期：第2号プロトタイプ。基本的には生産車に近いが、テールエンドは異なる。当時の多くのファストバッククーペのリアウィンドーはアーチの付いた下すぼまりが常識だったが、形状を真四角にして視界を改善するとともに荷物の出し入れをやり易くするために、下ラインを平行にしたモダンラインを構成した。この新しい感覚のリアビューがZ好評の主要素でもある。
<The second prototype, basically similar to production model except tail end>

1967年秋：最初のプロトタイプ（1号車）。本番より車幅が狭く、車高はやや高い。L2.4ℓエンジンは収容できない。ウィンドーグラフィックはいく分角張っていて、リアエンドも異なる。
<The first prototype, still a bit narrow and tall>

1967年夏：それまで4気筒を前提に開発してきたが、6気筒モデルに変更、車幅を広げる。バンパー・オーバーライダーは、当初から付けることを前提としていた。<Changing from 4-cyl to 6-cyl engine was needed to widen the body>

1967年夏：デザイン担当者たち。右よりチーフデザイナー松尾良彦、C案の吉田章夫、D案の西川暉一。
<Styling designers of the project, from right to left: Matsuo, Yoshida, Nishikawa>

従来のスポーツカーは実用機能は軽視の傾向があって、トランクスペースもミニマムであった。Zではファストバックの幅いっぱいにはね上げるハッチドアとし、小さなヒンジと細いガススプリングを用いて、荷物の出し入れのじゃまにならず、また充分な量が積み込めるようにした。すなわち、乗降性、居住性とともにラゲッジスペースも充分にして、実用車としても充分使えるように配慮したのである。また、ハッチバックの開閉は、普段はロックしていなければボタンを押すだけでハッチの開閉ができるようにして、使い勝手を良くした。特に米国では、こうした従来のスポーツカーにはない実用機能も、高い評価を受ける要因となった。ラリー車は2本のスペアタイヤを重ねて収納できた。
<Small hinges and thin gas springs supplying large luggage space>

当時の日産車の常で狭かったり、ホイールハウスの隙間がスノーチェーン対応で大きすぎたりと、スポーツカーとしてネガティブな条件が数多くあった。特にタイヤとホイールハウスの関係は、サスジオメトリーのトラベル検討図を自分で作図し、ホイールハウスフランジをスポット加工の最小リミットまで小さくすることで、少しでもタイトにすることを要求したりした。設計優位の思想が強かった当時のこと、厳しいやりとりで時には険悪な雰囲気にもなった。

いくらモデルで良いスタイリングをしても、生産段階でしっかり押さえないと真に良い製品に仕上がらないのは、今も昔も変わらない。私が頑固だとの話が設計部門内職制会議でデザイン部門長にあったようで、部門長から叱責を受けたが私は妥協しなかった。

もしこうした条件を甘く受けて、例えば狭いトレッドのまま進めてしまえば、その車は例外なくタイヤがふんばらないので弱々しく見えたり、ホイールハウス隙間が大きすぎてタイヤが小さく見えて車全体を貧相にするので、このバランスは非常に重要なのである。とても妥協などできることではない。こうした失敗の例として、ブルーバードU610が途中でやむを得ずタイヤサイズをアップしたが、デザインの不評に加え、スペアタイヤ収納部の設計変更を余儀なくされる等の問題にまで発展したことがあった。

さらにテールゲートのヒンジは設計案ではトランクヒンジのように室内に出っ張るものであったが、外のフランジに小さく設ける案を私が考えたり、それに伴って出来たばかりのガススプリングを用いる案を考えたのだが、このおかげで後に2+2が実現できたのである。またこの方式は、その後多くのハッチバック車に用いられている。このガススプリングはたまたま欧州で開発され、紹介キャンペーンで知ったのだが、メリットが多いので系列の厚木部品で何とかライセンス生産できないかと提案し、結果的に採用が決まったのである。従来のトランクヒンジ式は室内にトーションバーをつけるかコイルスプリングを用いるもので、非常にかさばり、安直な外ヒンジで支え棒式リンクが多かった。

1967年夏：スペシャリティー系のD案。担当は西川暉氏。

1967年中頃：シルビアレイアウトでロングノーズにしたE案。

日本で最初に輸入されたポルシェ911（自工会のもの）とA案（クレイモデル）を比較する。充分対抗できるデザインと確信した。<Comparing with Porsche 911>

1967年初期：B案をセミソフトスタイルに修正した案で、アメリカンスペシャリティーカー風ルーフを付ける。

ごてごてした飾り物は排除し、すっきりとシンプルで機能的なリアエンド。黒いリアパネルはボディパネル接合部分を全て覆い隠し、ボディの生産性を向上させた。
<Simple and functional rear end with black garnish>

炎の様に勢いよく出発！がテーマの炎。常務会、営業部門への展示用ディスプレー。炎が燃えさかるままに誕生した新星Zのイメージイラストである。
<Illustration for display, imaging flaring flames>

最終本番着手直前の人事異動

本番A案改をデザイン開始する1967年夏に私の右腕となってがんばってくれた吉田氏が第2造形部門に転出することになり、私はこれからという時に片翼をもがれる思いであった。これは私と吉田氏が一致してGT風のA案を推進しているのに対して勢力分散を意図した人事でもあったと思う。こうしたため、新たに配属された西川暉一氏と大岩映一氏にD案、E案のスペシャリティー車のフルサイズクレイを進めるよう命令され、やむを得ずA案本番案と並行して展開しなければならなかった。

一方A案改の方は私が直接手を下し、測定担当の田村久米雄氏を使って条件の困難な作業をやらざるを得ず、プロポーションどりから面の表情、ウィンドーグラフィック、フロント、リアエンドのディテールまで私自身が全て一つ一つ決めて解決し、67年秋に完成させた。

ちょうどこの頃、新発売されたスポーツカーとして話題になっていたポルシェ911を参考車として自工会で共同購入したので、それを借り受けてA案プロトタイプ、A案改クレイモデルと比較したことがあったが、車格は異なるが充分競争力があると判断した。この車をテストドライブして、それまでの旧いスポーツカーとは一線を画した新世代車で高性能ながら居住性、快適実用性が高く、良い車だと思ったが、非常に高価であった。

1967年11月頃、このA案改本番クレイモデルとA案プロトタイプ、そして前述のD、E案スペシャリティー車案を以て常務会展示を行ない、本命のA案の承認を受けることでやっと決着がついた。

本番プロトタイプ完成

1968年に入り、細部修正して正式線図を作成、その後石膏雌型をとって本番プロトタイプを制作した。並行してランプ類、Z432等に採用したマグネシウム軽合金ホイール、そしてマーク等、細かいパーツにいたるまで私の方で色々とデザインした。

インテリアは、インテリア大部屋に途中から行った千葉陶氏が担当した。特徴あるメーターバイザーが各々独立したメインメーターとコンソール上のサブメーター3連型のイン

各メーター独立タイプの特徴的なZインパネ。新しいスポーツカーとして斬新なインパネ。ストップウォッチ、カーステレオ、エアコンもスポーツカーでは初の標準設定とした。<Instrument panel with characteristic separate meters>

ワンピースパンにセットされたヘッドレスト付バケットシート。多くの車にコピーされた。乗降性に優れ、実用的でもあった。<Unitized seat and head restraint>

シートベルトをしたままで操作性の良いレバー式ライティング、ワイパーSW。その後セダンにも普及した。
<Indicator lever serving for lighting/wiper switch also>

操作性の良いシフトレバー。操作性重視のチョーク／スロットルレバーをコンソール上に持ってきた。大型灰皿、シガーライターもセット。シフトノブは球状のものを考案していたが、生産モデルではやや長くし、木製のものにして質感を求めた。
<Shift lever with wood nob>

システム化を考えデザインしたZのワゴン案。スケッチアイデアで中断した。(画・松尾) <An idea sketch: station wagon of the Z>

パネの他、初の1本のレバーによるターンシグナルとライティング、ワイパーとウォッシャーの兼用スイッチを採用、この使い勝手の良い操作方式は後で一般車に普及した。またチョークレバーはサイドブレーキ部に移した。サブメーターの中にはストップウオッチもつけ、カーステレオ、エアコンがセットされたのもスポーツ車では初めてであった。これらの装備はコストの増大を招くものであったが、Zには必要不可欠であると考え、実現に向けて進めた。シートもワンピースのパンにマウントされたヘッドレスト付バケットタイプで、内外の多くの車にコピーされた。このインテリアを組み込んだプロトタイプが1968年春に完成、展示ホールに搬入された時、前のA案よりひと回り安定感が増して、これなら売れると自信を持ったのであった。

事実、設計内部でも負け戦が続いていたので、Zのプロトタイプは久々の人気の出そうなデザインだったので、色々な理由をつけて多くの人達が見に来るほど関心が高かった。

私はここで仕事を止めず、Zをシステム車にするつもりでワゴン、オープン、2+2とバリエーションを開発することにした。

ワゴンは新設部分が多いのでスケッチアイデアでやめておいて、まずオープンにトライした。オープンといってももう幌を使わずロールバーをつけて安全対策し、トップ（ルーフ）は樹脂製の取り外し式の2分割とし、トランクに収納するように考えた。またバックウィンドーも開閉可能にした。もともとZのデザインはオープンで開始したのでノッチバックにするのはうまく行き、プロトタイプまで作ったが、これも魅力的であった。

さらに子供がいる家庭のパパにもZを楽しんでもらうために、2+2をぜひ加えたいと思った。D案が終わった西川氏に手伝ってもらい、ドアやハッチを共用しながらホイールベースを延長し、ルーフ後部をやや高くして後

1968年初期：全長・全幅を拡大し、全高を低めたA案修正案。プロトタイプ2号車。リアクオーターのエアスクープが生産車と異なる。リアクォーターガラスは球面（3次曲面）プレスガラスでボディへのなじみを良くした。サッシュはステンレス製。ボディカラーはシルバーメタリック。
<The second prototype modified longer, wider and lower>

1968年：展示用のA案第3号プロトタイプ。寸法的には最終案に近い。しかしリアクォーターのエアスクープが付いている。ボディカラーはダークグレーメタリックで、シルバーとは印象が異なる。デザインしたホイールに注意。
<The third prototype, almost the same in dimensions as production model>

1968年夏：タルガトップのプロトタイプが完成。人物は右より桑原二三雄（部品担当者）、千葉、松尾。オープンタイプなのでドアガラスはサッシュレスに変更している。後ろのZモデル群から判るとおり、精力的にモデル開発を行ない、意欲に満ちていた。
<Another prototype with Targa top>

1968年初期：A案Zをフルオープンにした案の1/1クレイモデル。この場合は幌になるので安全上も問題があり、下の写真のロールバー付きタルガトップ案に変更した。トランクリッドはハッチと異なり普通のノッチタイプ用となる。生産上はリアフェンダーも専用となり、投資額はかなりのものとなる。当然、フロア回りの補強も必要である。
<One of the various approaches: 1/1 clay-model of full open body>

1968年中〜後期：タルガトップ・タイプのプロトタイプ。<One of the various approaches: open body with Targa top>

1969年初期：タルガトップ・タイプのプロトタイプ2号車。実用性と安全性を満足させたオープンタイプ。

1968年初期：A案にスペシャリティーカー風のトップを試みた、セミノッチバックの2+2クーペ案。Zベースと思えない程おとなしい車に変身した。
<One of the various approaches: semi-notch-back 2+2 coupe>

2+2スペシャルティーカーのスケッチ（画・松尾）。

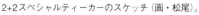

1968年中頃：最初の2+2プロトタイプ。この写真はロサンゼルスにあった米国日産の片山さんに見せたもので、世界一周したためシワが多い。片山さんはここまで開発しているのかと驚かれたが、それより標準車を一刻も早く欲しいとの反応であった。ちょうど発売の1年前であったので、待ち遠しい様子であった。
<Shown this 2+2 prototype picture, Mr Katayama of Nissan USA requested to complete standard model first, instead of developing other body variations.>

1968年末〜69年初頭：最終段階の試作車で、マークとエアアウトレット位置を検討。このように、完成までにはエアアウトレットの位置やマーク等、細部に至るまで色々と検討した。
<The final stage prototype: examining locations of mark, air-outlet and so on>

席のヘッドクリアランスを確保するデザインとした。この2+2もプロトタイプを作り、1968年秋口に完成した。やや重厚感があり、軽快な2シーターとは性格が異なるが、客層が広がると期待できた。

1968年秋、設計部門から4人でパリショーを見学に行くことになり、末席に私が加わることになった。この時の団長がプリンス出身の増田忠氏であった。

パリショーのあと独、伊、英の各国自動車関連を視察、さらに米国に渡りニューヨーク、デトロイトを経てロスに行き片山さんに会うというスケジュール案を立てたのだが、あの時代の厳しい外貨事情のなかOKがおりたので初めての世界一周旅行に出たのであった。

その際2+2プロトの写真を持参して片山さんに見せたところ、そこまで展開しているのかと驚かれたが、この時点では2+2よりまず標準のZを一刻も早く欲しいとの感触であった。

この2+2は社長にも提示したが、Zが売れるかどうか判らない発売前の状況下であり、とにかくZの生産準備に集中すべしということで、タルガトップのオープンも2+2もそこでストップした。

Zの発売後は、売れに売れて販売も工場も1台でも増産をといったムードで、バリエーションどころではなかった。発売後1年ほどして川又社長が設計部門を訪問された際、Zが極めて好調なので以前見せてもらった2+2プロトを再度見たいと要望され、私がいそいそ

でホコリだらけのプロトを引き出して見せたところ、これも作ろうとの鶴の一声によって生産化が決まった。この2+2は日産車体に引き渡されて生産化設計が行なわれ、1974年に「2 by 2」の名で発売された。2+2が加わったことで市場が広がり、目論見通り子供のある家庭にまでZが売れる結果となり、幅広いユーザーに支持されることになった。と同時に、ちょうどZの発売後5年目で売れ行きが一息つく頃だったので、販売の下支えにもなった。

ついに発売、日米で大反響

1969年秋、車名もフェアレディZ（米国ではダットサン240Z）と決まり、いよいよ発売に至った。

発売当初の国内向けフェアレディZ。国内向けはコスト低減のためオーバーライダーが付いていない。フェンダーミラーは黒塗装にして精悍なイメージとした。私が描いたオリジナルのZデザインは、輸出モデルに見られるオーバーライダー付きのZであった。

<The debut of Fairlady Z: having no over-riders for Japanese market in order to cut production costs>

レースやラリーにも使われることを考慮して、バンパー等を外してもデザインが悪くならないようにフロントまわりをデザインした。デザイン開発段階でこのモンテカルロ仕様車を試作したのも、そういう意味があったからである。ラリー実戦では、当初バンパー部に取り付けられていたフォグランプをボンネット上に移設して、Zの戦闘力を向上させている。

<A prototype for "Monte Calro Rally" during styling development. Use for race and/or rally was originally intended, and the front end of the Z was designed so that it would look good without bumper.>

　ジャーナリスト向けの発表・試乗会に私も出席し、デザインに関心の高い評論家の五十嵐平達さんと同乗したが、その件が五十嵐さんの著書「写真が語る自動車の戦後」(ネコ・パブリッシング、1996年)にくわしく出ている。30年前の私の写真はともかく、記事中に「日本の戦闘機同様に日本的デザインのスポーツカー」との論評があり、さすがに的確な表現だと感心した。実際に贅肉は一切ついていないし、各部のデザイン処理にも切れの良さを心がけて明快な形にしたのが良かったと思う。こうしたデザインが、米国でも米国車や欧州車とは異なった直截な日本的デザインとして高い人気を得た原因だと思う。

　1969年秋の東京モーターショーで初の一般公開となったが、大変な人気を博した。価格も基本車で90万円台とリーズナブルな設定だったので、注文が殺到したものである。一方米国でも69年末に発表され、ブルーバードの約2倍の価格3600ドル(当時の例を挙げると、ムスタング:2900ドル、MG/トライアンフ:3000ドル、ポルシェ914:3500ドル、コルベット:5000ドル、ポルシェ911T:6000ドル)と設定されたが、爆発的人気となり2倍のプレミアム価格をつけて売る販売店が出る始末で、米国日産は混乱に陥った。片山さんは急遽東京本社に大幅供給増を要請したのだが、製造工場の日産車体はそれほどの生産を見込んでいなかったので、ここでも根本的な生産増を見直すことになった。それでも足りず次々と生産設備の強化をすることになり、木造古工場は近代的な工場へと変身して行ったのである。

　片山さんは発表早々のZを、カーデザイン教育で有名なアートセンターカレッジに持っていき先生や学生に見せたところ、大人気となって黒山の人だかりになったそうである。日本のカーメーカーからの留学生も多いこの学校でも、彼等のテイストと全く異なるZのデザインには驚きと高い評価が与えられ、購入希望者が続出したがいつ手に入るか判らない状況であったという。

　結局、私の夢であった本場の米国でスポーツカーを成功させるということは100％以上達成された。また片山さんに対しても、その考え方に報いることができたと思う。米国日産は当然高収益をあげ、片山さんは日本企業として初めてガラス張りの高層ビルを高速道路脇の目立つところに建てたのであり、輸入車No１企業にのしあげたのである。現在の日産は、好況な米国においても国内同様に業績が振るわず、トヨタやホンダに大きく水をあけられている。これは経営や商品開発がまずいからなのと、片山さんが去ったあと、その後の石原本社社長時代に会社の政策で、知名度が高くユーザーにもディーラーにも親しまれていた「ダットサン」を「ニッサン」に改名したこともその原因の一つだと思う。

　さてZのヒットで米国のスポーツカー市場は激変した。主流の英国車、イタリア車は没落し、Z同様量産スポーツを狙って新開発されたドイツのポルシェ914、そしてオペルGT等もZに及ばず、914の企画デザインをしたブッツイ・ポルシェ氏は会社を離れてポルシェ・デザインを設立したのであった。その後ポルシェ本社はZに対抗するモデルとして924を開発したが、4気筒だったし、デザインも不評で、上級の928共々成功せず、結局空冷911を改良しながら長々と造り続けざるを得ないはめになったのである。トヨタも小型スペシャリティーカーであったセリカを急遽リフトバックにモディファイしたが、4気筒で車格が異なりZのライバルとはなり得ず、後に6気筒のスープラを作ることになったのである。

　1973年、中東戦争による第１次石油ショックが発生、米国の大型車はパニックに陥り、スペシャリティーカーも死滅したのであるが、そのような中、Zが不必要に大きくなくスポーツカーながら大食いでもないことで人気を持続できたのは特筆すべきことであった。この石油ショックで、輸出が始まった初代ホンダ・シビックは米国で省燃費ミニカーとして地盤を築くきっかけをつかんだのであり、米国ホンダにとっては神風でもあったのだ。

　初代Zは1978年まで9年間売れ続け、トータル54万台というスポーツカー史上のレコードを打ち立てたのであった。

　Zはレースやラリーでも大活躍してそのポテンシャルの高さを証明した。モンテカル

Zの開発中はまだ無かった1/1風洞。1970年代に入って作られた。ここで測定の結果、Zは$C_D=0.4$と発表されている。ちなみにブルーバードセダンは0.55であった。当時の2ℓ級欧州製スポーツは0.45程度である。なお240LN（240ZG）は$C_D=0.37$に向上した。
<Wind tunnel tests worked out C_D of Z=0.4; 240LN=0.37>

テストコースで覆面テスト中のZ。
<Test running in disguise before debut>

ロードテスト中の240ZG。私はオリジナルZをロングノーズ化し、高速道路等で走行テストを行なった。性能の向上が確認でき、国内向のみ240ZGとして発売され、高い人気を得ることができた。本来Zに標準装着を考えていたライトカバーはこのモデルで実現された。<The author testing 240ZG>

ロ・ラリーで3位、サファリ・ラリーでは2度も優勝したほか、多くのレースで活躍、本格派スポーツを誇り、イメージアップにもなった。

Zのプロジェクト終了後スタジオは解散したが、続いて私は設計部門とともに空力研究をした。Zをロングノーズにし、リアフラップをつけた実験車を作ってまだすいていた東名で高速テストをした結果、高速性能と燃費が大幅に向上することが確認できた。このロングノーズ化に際しては、基本ボディは全く変えないでアタッチメントだけで成立するように考えた。すなわち標準ボディ先端をアダプターを付けるように延長し、上部グリルを廃して空気分流を下げることでCDとリフトを抑え、リアフラップでカム効果を上げた。トルクのある2.4ℓエンジンで200km/h近くで巡行できるようになって、国産車の未体験ゾーンに入ったが（SRは最高速205km/hを謳っていたがとても実用スピードではなかった）、当時のタイヤ、ブレーキが心もとなかったし、ドア回りの風もれ音等の問題も生じた。これを市販化することになり、2年後の1971年秋に240エンジン搭載の空力ノーズつきZGとして発売した。

この240ZGが好評だったので、手間がかかり、調整もむつかしくて所期のパワーの出にくいS20エンジンを積む「432」は中止された。なおZGは国内販売のみであった。2+2は1974年から発売され、前述のとおり客層の拡大に成功、一種のスペシャリティーカーになった。

Zはその後、排ガス対策で落ちた出力を補うため輸出モデルは260Z、280Zと排気量を増した。

こうして初代Zは1978年秋まで約9年間人気を持続したのであった。Z販売の原動力となった片山さんは、1年前の1977年、定年で米国日産社長を辞められた。日産はこれ程の功労者にその功績に見合うポジションを用意したとはいえず、充分な評価がなされなかったようで残念に思う。

初代Zプロジェクトは結局大成功で、発売後1年ほどして社内で最高の栄誉である社長賞を受けた。その授賞式には担当者の私は出席できず、デザインの受賞代表は実際にはA案に反対した部門長が出席して表彰されたのであった。この時の金一封で銀のタイピンを私がデザインして作り協力してくれた方々に配ったが、いまも手元に残っている。私にとってZプロジェクトの記念品である。

今回、初代Zのデザイン開発途中の写真を数多く掲載したが、これらが豊富なのは、私が当初から意図的に映像記録をきちんと残しておいたからである。それもデザインモデルだけでなく、その時々の協力してくれた人達も一緒に撮影するようにした。おかげで記録としても価値のある手記をつづることができたと自負している。いまでは開発途中の写真を公開するのは当たり前だが、日産社内は当然ながら他社でもこの時代はやっていなかった。冒頭述べた通り、私は車やバイク同様にカメラにも凝っていたし、今も時折クラシックカメラ誌に寄稿しているが、映像情報の重要性を充分認識していたことも、こうしたドキュメントをきちんとやっておこうとした動機でもあった。今あらためてこれらの写真を眺めると、その時々のことが鮮明に思い出される。

その後

1978年、Zは2代目となった。形態は初代Zを引き継いでいるが、初代より進んだとは言い難い。次の3代目も似たような出来であった。現行の4代目300ZXは初めて異なった方向にトライしたデザインで、意欲は買うが、大きく重く高価になり、本来のZのコンセプトから離れてしまったように思える。結局300ZXは米国では販売中止となった。代わって米国日産は依然として人気の高い240Zの再生車を手がけることにした。1999年のデトロイトショーで、この240Zの人気にあやかって米国のNDI（ニッサン・デザイン・インターナショナル）で開発された240Z風のプロトタイプを発表したが、多少似てはいるが前後が妙にダルでZの歯切れの良さが出ておらず、私はこのデザインでは駄目だと思う。この米国スタジオのデザイナー達は、不人気の前のブルーバードセダンやレパードJフェリーもそうなのだが、ダルなデザインしかできないと私は思う。

Zプロジェクト終了後、私は不振のローレル救済の一策としてハードトップを緊急開発した。次に3代目セドリック230開発の際、中止されるはずだったグロリアの、セドリックをベースとしたモデファイデザインによる存続を提案して採用され、その担当をした。このグロリアは発表後好評だったが、セドリックより立派に見えると、変な批判を上層部から受けたことがある。その後はインテリアスタジオのチーフになって、その分野の改善に努力した。

今まで述べてきたように、私は言うべきことは社内で言うところの立場を超えても言ってきた。それなりの実績も残したつもりである。しかし、そういう私と当時の日本の企業のなかでも古い官僚的な体質が強いほうだった日産という会社のソリが合わないのも確かだった。私はライン業務からはずされた。そんな折り父が亡くなり、今後のことを考えて、フリーになって日本全体のカーデザイン向上のために活動する方が精神的にも良いと思い、1973年夏日産を辞めた。

あの当時と現在とで、日本の企業の体質は変わっただろうか。自動車企業においてデザイン戦略は企業の根幹を成す最重要項目の一つであるが、それを理解していない企業が多いと思う。いくら財務や組織、そして工場管理や販売を強化しても、肝心の自動車という商品が魅力的で競争力が無ければ、その企業は弱体化してしまう。欧米の一流自動車企業にはどこでもデザイン担当副社長が存在し、メーカーのアイデンティティ、ブランド別スタイリングポリシーのコントロール等、トータルなデザインマネージメントを行なっている。こうしたソフト面での体制が不充分では、日本企業はこれからの国際競争時代を生き抜けないのではないかと危惧している。またデザイナーも単なるスタイリストではなく、もっと幅広い見識をもつ大人に育てる必要があると思う。

Zは私にとって、若く働き盛りの日産時代の仕事の結実である。デザイン開発に際して、市場調査に頼らず私の哲学でコンセプトを作り、デザインもスケッチより1/4モデル中心で展開し、その成立のためメカや構造上のアイデアまで出した。単なるスタイリストを超えた仕事をした。すなわちZは私が30歳代の時のデザイン思想の集大成であるが、同時に自動車産業におけるデザインの重要性を実証した一例でもあると思う。

こだわり

Zプロジェクトを推進するに当たり、何が私をしてスポーツカー・デザインにこだわらせたのか……。あの当時、自動車の中でも実用車とスポーツカーとでは、スピリット面でもテクニカル面でも格段の差があって、スポーツカーを作れるのは少数の欧米先進国の限られた名門企業だけといった常識があった。東洋の日本人が、欧米人の援助も無く、しかも留学経験も無いのに、本場の米国にスポーツカーを輸出して国際的に成功させるという目論見など、とんでもないといった考え方が一般的で、日本の自動車ジャーナリズムもそ

Fairlady Z

どうしてZという名称が付いたのか

本文中にもあるが、1967年片山さんがデザインモデルを見に来られた時、A案のハッチバックモデルが大変気に入られ、米国での販売意欲がわいたようで、海軍やヨットの海の世界での進撃信号旗であるZ旗をかかげて推進すべきと言われ、開発部門でも270という正式開発記号に併せてⓩ（マルゼット）と略称することになった。当時の日産では開発車をⓝ（マルエヌ）とか⊕（マルチュー）という略称で呼んでいたので、それに従ったのである。その後、片山さんは米国から私にZ旗のミニチュアを送ってこられたが、「がんばれ！」の意味であったのであろう。発売に際して車名について紆余曲折があったが、国内版はフェアレディZ、輸出用はフェアレディという名称が弱々しいので片山さんの意向で明快にダットサン240Zとなった。Zには上記海軍旗の意味以外にも、アルファベット最後の文字として究極の意味もあり、「究極のスポーツカー」の意味も持たせたのである。名称決定がぎりぎりまで遅れたため、マークデザインができず、カタログ撮影車は急遽手作りした試作マークを両面テープで貼り付けて撮影するというきわどさであった。他社にもZ名の付いた車があるが、我が国でも米国でも、Zと言えばこの車を指すほどポピュラーになったのはヒットしたせいであろう。

1998年10月、自動車殿堂AHF前に記念展示された新車同様の240Zと記念撮影した筆者。この車は前述した米国日産によって売り出された再生車。
<The author and like-new 240Z in front of AHF>

うした論調が当たり前であったし、米国を始めとした諸外国の日本車に対する評価も、今とは比較にならないほど低かった。無論、片山さんを除いた社内風潮もそうであったが、私はこうした常識に反発し、日本人の手で国際的に通用するスポーツカーを作ってやろうという意志を強く持ったのである。

同じカーデザインを行なう者にも、私のように独学で研究するタイプ（本田宗一郎氏や佐藤章藏氏等も同様）と、先進国は米国とばかり、手っ取り早くアートセンター・カレッジ等に留学しアメリカン・デザインメソッドを学ぶ人に分かれ、多くの人がアートセンターや他校に留学した。だが30年以上を経た今日、日本デザインとして国際的に高い評価を受けた作品の多くは独学組の人達の手によるものである。それは、アメリカンスタイルを学ぶと哲学性や機能性より表面的な流行スタイルを優先するから小型車では無理を生じ、日本人特有の直截な繊細さが失われがちになるからなのと、輸出した場合、アメリカンスタイルの亜流にしか見えないので、結局評価されないからなのではないかと思う。

私はZのデザインでは、国際状況を充分に把握・分析しながら日本的な感覚を発揮したつもりである。だからこそ五十嵐平達さんは「日本の戦闘機」的と感じられたのであろう。またこの感覚が、特に米国では新鮮なデザインとして評価され続けたのではないかと思う。日本デザインに対してまだ偏見のある時代であったにもかかわらず、公平に評価してくれた米国のユーザーには感謝したい。しかも30年後まで続いて評価して頂いているのは大変名誉なことである。

今後国際競争は激化するが、無国籍デザインでは結局評価されないであろう。アメリカ、ドイツ、イギリス、フランス、イタリア、日本のそれぞれのテイストが求められている。国際的に通用する日本センスの日本車が求められるのは、今後も変わらないと思う。合理化でプラットフォームの共用化が進み画一化するハード面に対し、デザインキャラクターすなわち、ソフト面の重要性は益々大きくなるからである。日本の車は日本的なセンスを表現しながら各メーカー独自の個性的アイデンティティーを確立しなければ、存在意義が無くなってしまう。今後はこうしたソフトのデザイン戦略が重要なポイントになるであろう。

今振り返って、あの時期に、あの会社で、一人のデザイナーの主張があそこまで通ったのは奇跡的だったが、結果として幸せだったと言うべきかもしれない。また、協力してくれた方々には感謝の気持ちでいっぱいである。また30年以上の年月を経てそのデザインが評価され、今こうしてZの開発手記をまとめることができるのも感慨深いことである。

To 240Z fans:

Some thirty years ago, when Japanese cars — and sports cars in particular — were struggling to make an impact on the American market, overnight, the 240Z was a runaway success. It was a massive hit with enthusiasts in the US, who welcomed this new car with open arms; they fell in love with the concept, the way it looked and the way it drove.

I am happy to say that the admiration and enthusiasm surrounding the Z is just as strong today as it was thirty years ago, a fact that I really appreciate. As a result of the Z's success, Yutaka Katayama, perhaps better-known as Mr. K, was inducted into the Automotive Hall of Fame — I am so pleased that he received this wonderful accolade. Thank you to Z-car fans everywhere...

Yoshihiko Matsuo
'Mother of the Z'

S30型Z国内レースでの活躍 Ⅳ
Racing Scene of the Original Z in Japan

片岡　英明 ── モータースポーツ・ジャーナリスト
Hideaki Kataoka

Z以前のモータースポーツ活動

　日本のモータースポーツの発展と歩調を合わせて成長を続けてきたのが、日産自動車を、そして日本を代表するスポーツカーのフェアレディである。その歴史は古く、1952年に誕生したダットサン・スポーツDC3にまで遡る。これは1959年6月にダットサン・スポーツカーS211へと進化を遂げた。このモデルの改良型となるSPL212のときに"フェアレデー"を名乗り、その直後にネーミングをフェアレディに変更した。

　だが、真のスポーツカーとして認知され、フェアレディの名声を築いたのは1962年10月に登場したダットサン・フェアレディ1500（SP310）であった。フレームはブルーバード312をベースに開発され、エンジンは初代のセドリックから流用した総排気量1488ccのG型4気筒OHVを積む。初期モデルはシングルキャブ仕様で、最高出力71ps／5000rpm、最大トルク11.5kg-m／3200rpm（ともにグロス値）を発生した。

　このフェアレディ1500は、発売から7カ月後の1963年5月に、鈴鹿サーキットで開催された第1回日本グランプリに出場し、モータースポーツへの第一歩を踏み出している。B-ⅡスポーツカーレースにはトライアンフTR4やMG Bなど、英国製スポーツカーが大挙してエントリーした。初陣となるフェアレディは、輸出仕様のSUツインキャブを装着した程度だったが、レースでは群を抜く速さを見せつけている。田原源一郎がステアリングを握るフェアレディは、高度にチューニングされたトライアンフ勢と互角に渡り合い、トップでチェッカーフラッグを受けたのだった。レース後の再車検で、市販車には装着されていないSUツインキャブと低いウィンドスクリーンにクレームが付けられたが、輸出仕様にあるということで優勝が認められている。

　1964年5月の第2回日本グランプリには、スポーツキットのウエバー・キャブを装着したフェアレディ1500がGT-Ⅱレースに参戦した。ポテンシャルは飛躍的に高められたが、より高性能なポルシェ904 GTSとスカイラインGTが相手だったため、上位入賞の望みを絶たれている。その翌年の1965年春、日産は排気量1590ccのR型4気筒OHVエンジンを積み、前輪にディスクブレーキを配したフェアレディ1600を投入した。これがSP311と呼ばれるモデルである。量産モデルはSUツインキャブを装着して90ps／13.5kg-mを発生したが、レース仕様はソレックス・キャブを2連装している。また、トランスミッションも5段マニュアルに変更されていた。

　1966年5月に富士スピードウェイで行なわれた第3回日本グランプリは、フェアレディの優秀性を証明したレースとなる。グランドツーリングカー・レースでは黒沢元治がポー

1963年5月に鈴鹿サーキットで開催された第1回日本グランプリのB-Ⅱスポーツカーレースに出場したカーナンバー39のフェアレディ1500。輸出仕様と同じ低いウィンドスクリーンを備え、SUツインキャブを装着した田原源一郎のフェアレディ1500は、プラクティスで2台のトライアンフTR4に次ぐ3番手の座を獲得し、フロントロー右側に付けている。決勝レースでは好スタートを切り、第1コーナーでトップに立った。初出場のフェアレディ1500は予選を上回るハイペースで周回を重ね、レース中のファステストラップ3分14秒4を叩き出している。田原はトップの座を譲り渡すことなく15周を走り切り、2位のトライアンフに6秒の差をつけ、堂々の優勝を飾った。

フェアレディ1500からバトンを受け、1965年春に発売されたのがフェアレディ1600である。1965年は日本グランプリが中止となったため、フェアレディは出番がなかった。そのうっぷんを晴らすように、1966年の第3回日本グランプリには大挙してフェアレディ1600が参戦する。大幅なポテンシャルアップを図ったフェアレディは、予選から群を抜く速さを見せつけた。ワークス・チューンのフェアレディを操る黒沢元治がポールポジションを獲得し、2番手には高橋国光が付けている。決勝レースでは黒沢がエンジントラブルでリタイアしたものの、ポルシェ911をかわしてトップに立った高橋が優勝。2位にはカーナンバー21のフェアレディ1600に乗る粕谷勇が食い込んだ。写真は粕谷のフェアレディで、レース開始直後にトヨタ・スポーツ800とロータス・エランを抜き去るところ。

1967年5月に富士スピードウェイで行なわれた第4回日本グランプリには、最新鋭のフェアレディ2000が送り込まれた。大幅なパワーアップを図ったフェアレディ2000は、予選からライバルを圧倒する。日産ワークスの長谷見昌弘がポールポジションを奪うなど、上位6台をフェアレディが占めた。レース本番でも横綱の貫禄を見せ、スタート直後からフェアレディのワンメイク状態となる。混戦のなかからカーナンバー49の黒沢元治と長谷見が抜け出し、この2台を粕谷勇が追う。3台は最終ラップで体勢を整えた。ウイナーの黒沢を中央に置き、その両脇に長谷見と粕谷が並び、フェラーリを模したデイトナ・フィニッシュを演出したのである。レーシング・フェアレディ2000の黄金時代が、ここに幕を開けた。

1967年5月の日本グランプリに出場したフェアレディ2000。カーナンバー47の赤いフェアレディは日産のワークスマシンで、長谷見昌弘がステアリングを握った。レース仕様はソフトトップに代えてハードトップボディを身にまとっている。バンク付きの6キロコースで2分17秒71のタイムを叩き出し、予選でポールポジションを奪った。決勝レースでは黒沢元治と激しいデッドヒートを繰り広げたが、僅差で2位となっている。

1968年5月に開催された'68日本グランプリのグランドツーリングカー・レース。この年からクラブマン・レースとなり、アマチュア主体のレースとなった。予選では上位9台をフェアレディ2000が独占している。ポールポジションを獲得したのはトヨタから移籍した田村三夫で、2分15秒17をマークした。2位には中村昌雄が、3位には都平健二が付けている。予選4位の辻本征一郎までがフロントローで、ここまでは2分17秒台だった。オープニングラップからフェアレディ勢が激しいトップ争いを演じ、そのなかからカーナンバー37の都平とカーナンバー34の田村が抜け出す。優勝したのは、後にワークス・ドライバーの一員となる都平健二で、初めてビッグタイトルを獲得している。このレースでは10位までをフェアレディが占め、実力の高さを強くアピールした。

ルポジションを獲得、日産ワークスの高橋国光も予選2番手につけた。決勝レースでもロータス・エランやポルシェ911などのヨーロッパ製スポーツカーを寄せつけず、高橋国光が堂々の優勝を飾っている。

また、メインレースの日本グランプリにはフェアレディSと名付けられたプロトタイプが出場し、注目を集めた。エンジンは高回転を得意とする2ℓの直列6気筒DOHCで、ダブルイグニッションを採用するとともにキャブレターもウエバーを3基装着していた。日産ワークスの北野元は、雨の予選でプリンスR380やトヨタ2000GT、ポルシェ906（カレラ6）を抑え、ポールポジションを奪った。快晴に恵まれた決勝レースでは上位入賞が期待されたが、燃料系トラブルに見舞われ、リタイアに終わっている。フェアレディSがレースに出場したのは、このときだけで二度とレースには出場していない。

1967年は、フェアレディにとって飛躍の年となった。3月に世界トップレベルの実力を備えたフェアレディ2000がベールを脱いだのである。型式SR311で呼ばれるフェアレディ2000の心臓は、1982ccのU型4気筒SOHCだった。ソレックス44PHHキャブを2基装着し、最高出力は145ps／6000rpm、最大トルク18.0kg-m／4800rpmを絞り出す。ポルシェシンクロの5段マニュアルを介しての最高速は205km/h、SS¼マイル加速は15.4秒と、クラス最高の実力を備えている。

発売直後の5月、フェアレディ2000は、サーキット・デビューを果たした。晴れの舞台は第4回日本グランプリのグランドツーリングカー・レースである。予選では長谷見昌弘を筆頭に、6位までをフェアレディ2000が占めた。そして決勝レースでもフェアレディ同士の熾烈なトップ争いを演じている。優勝したのは黒沢元治で、僅差で長谷見が2位となった。以来、フェアレディ2000はサーキットの王者に君臨し、出るたびにコースレコードを更新するとともに、連勝記録を伸ばしていった。アメリカのレースでも、ボブ・シャープなどが破竹の快進撃を続け、英国製スポーツカーをサーキットから駆逐した。

Zのデビュー

スポーツカーとしての名声を獲得し、アメリカ市場で大ヒットを飛ばしたフェアレディ1600とフェアレディ2000に続く、新世代のスポーツカーとして企画されたのが、S30の型式名を与えられたフェアレディZである。英国のスポーツカーに範を取ったSP／SR系は、オープン2シーターのドロップヘッドクーペだった。これに対し後継となるフェアレディZは、快適で、しかも安全性の高いファストバック・スタイルのクローズドボディを身にまとっていた。ロングノーズ＆ショートデッキの流麗なフォルムとともに注目を集めたのが、一新されたメカニズムである。

パワーユニットは、それまでの4気筒に代えて、スムーズで静粛性に富む直列6気筒エンジンが搭載された。サスペンションも、前輪ダブルウィッシュボーンと後輪リーフスプリングによる古典的なリジッドアクスルから、4輪ともインディペンデントの4輪ストラットに進化している。旧態化したラダーフレームを廃し、軽量かつ高剛性のモノコック構造を採用したことも見逃せない。新しいスポーツカーの時代を切り開くフェアレディZが日本市場に投入されたのは、70年代が間近に迫った1969年秋のことであった。

パワーユニットは2機種の直列6気筒が用

1969年9月に新世代のフェアレディとしてベールを脱いだフェアレディZ。その頂点に位置するZ432は、開発の早い段階からレース出場をもくろんでいた。モータースポーツに参戦する人のためにZ432Rが用意され、30台ほどがレース関係者の手に渡っている。ストリートユースのZ432との違いは、徹底的な軽量化を図ったことである。Z432より80kgも軽い。フェンダーやドアパネルは軽量化のために肉厚の薄いスチールに変更され、ボンネットフードはFRP製だった。また、フロントウィンドー以外はガラスではなくアクリル製となっている。もちろん、オーディオや時計など、走るのに必要でない装備はことごとく省かれた。エンジンの始動スイッチなどもZ432とは異なる位置にある。メカニズムはカタログモデルのZ432とほとんど変わりはない。だが、スポーツキットを組み込むだけで、一級のマシンに生まれ変わった。燃料タンク容量も100ℓとなっている。

スカイラインGT-Rから移植され、Z432に搭載されたS20型直列6気筒DOHC4バルブ・ユニット。GT-Rとはシリンダーブロックやオイルパン、エグゾーストマニフォールドなどの形状が異なる。総排気量は1989ccで、カタログモデルにはソレックス40PHHキャブが3基装着された。モータースポーツ用にウエバー・キャブなどが用意され、これらのスポーツキットを組み込めば即座にレースに出場できるように配慮されている。ワークス仕様のS20型エンジンには、ルーカス製のフューエルインジェクション（燃料噴射装置）を装着したものも少なくない。

意された。ひとつはセドリックやスカイラインに搭載されているL20型SOHCエンジンである。総排気量1998ccのL20型は、SUツインキャブによって130ps／6000rpm、17.5kg-m／4400rpmを発生した。

もうひとつが、フラッグシップのZ432に搭載されたS20型DOHC4バルブ・ユニットで、これはサーキットで敵なしの大活躍を演じたPGC10型スカイライン2000GT-Rから移植されたエンジンである。プロトタイプ・レーシングカーの「ニッサンR380」に積まれていたGR8型エンジンと基本設計を同じくする高性能ユニットで、量産エンジンとしては日本で初めてのDOHC4バルブだった。

その当時、吸・排気バルブを1気筒当たり2本ずつ備えた4バルブ方式のDOHCは、ほとんど存在しなかった。レーシングエンジンですら2バルブが主流だった時期に、日産は精緻なDOHC4バルブ・ユニットを量産モデルのフェアレディZに与えている。S20型エンジンは、レースで勝つことを意識して設計された。充填効率の高い多球型燃焼室や高い強度を持つサイドボルト付きシリンダーブロックを採用し、ヘッドボルトの取り付けボルト数もL20型エンジンの2倍となっている。高回転まで回してもバルブサージングが起こりにくい構造としたことはもちろん、排気干

渉を低減するために独立ブランチのステンレス製エグゾーストをおごった。

スカイラインに積まれていたS20型エンジンとの違いは、シリンダーブロックやオイルパン、エグゾースト・マニフォールドなどであるが、フレーム構造が違うため細部の手直しも行なっている。S20型はボア82.0㎜、ストローク62.8㎜のオーバースクエア設計で、総排気量は1989ccになる。GR8型と排気量が微妙に異なるのは、レースに使うことを意識したためで、オーバーホールなどをしても、排気量が2ℓの枠を超えないように配慮して排気量が決められた。キャブレーションは3基のソレックス40PHHキャブで、最高出力160ps／7000rpm、最大トルク18.0kg-m／5600rpmを絞り出す。トランスミッションはポルシェシンクロの5段マニュアルを組み合わせている。今と違ってグロス値だが、2ℓクラスのエンジンとしては世界トップレベルの実力を秘めていた。

硬派のフェアレディZ432には2種類のカタログモデルが用意されていた。グランツーリスモとしての機能を満たし、快適装備を充実させたZ432と、レーシングユースを目的にしたZ432Rのふたつで、Z432RはFRP製のボンネットフードを採用した軽量バージョンである。軽量化を図るためにサイドウィンドーとリアガラスをアクリル素材に改め、時計やオーディオ、灰皿なども省かれている。また、イグニッションスイッチも、ステアリングコラムから中央のフロアトンネル部に移された。ちなみにガソリンタンク容量は、Z432の60ℓに対し100ℓである。リニアな制動性能を実現するために、ブレーキのマスターバックも取り外されている。もちろん、エアクリーナーも付いていない。

Z432Rは、スポーツキットを組み込むだけでレースに出場できるように設計されたものである。パワースペックはZ432と変わっていないが、キャブレターをスポーツオプションのウエバー45DCOE9に換えるなどのチューニングを施すだけで、容易に230ps／20.0kg-m以上にパワーアップできた。フルチューンされたワークスマシンではレブリミットが9500回転を超える。

Z432の活躍

Zにとって記念すべき最初のレースとなったのは、1970年1月の全日本鈴鹿300キロレースで、日産ワークスの北野元が、真紅にペイントされたZ432Rのステアリングを握った。この時点ではまだホモロゲーションを取得していなかったため、Rクラスでのエントリーとなっている。初出場のZ432Rは、予選から群を抜く速さを見せつけた。みぞれ混じりの滑りやすい路面で、北野はポルシェ908やポルシェ910、フォードGT40、ベレットR6などの純レーシングカーと互角に渡り合い、4番手のポジションをゲットしたのだ。北野が記録した2分38秒7のタイムは、高橋国光の乗るスカイラインGT-R（フューエルインジェクション仕様）を2秒近く上回る驚異的なタイムであった。

決勝レースは、ドライバーが駆け寄ってエンジンを始動するルマン式スタートだった。雪が舞い散る悪コンディションのなか、Z432Rは5番手で第1コーナーに飛び込んだ。そして1周を終え、メインスタンドに姿を現したときはポルシェ908に次ぐ2番手だったのである。3周目からはパワーとトルクに勝るフォードGT40と熾烈な2位争いを演じ、観客を総立ちにさせた。だが、9周目の第1コーナーでオイルに足を取られて痛恨のスピン。アウト側に止まっていたブルーバードSSSにぶつかって走行不能となっている。こうして初レースはリタイアに終わったが、ポテンシャルの高さを強烈にアピールしたのだった。

Z432Rのステアリングを握った北野元は後に、「初めて運転したときは、なんて鼻の長いクルマなんだと思ったね。それと操作系がかなり重かった。SR311から乗り換えると、ハンドルもブレーキも重いんだよ。また、アンダーステアも頑固だったね。レースが終わってレーシンググローブを脱ぐと手はマメだらけで、皮が剥けているんだ。とにかく力のいるクルマだったけど、乗っていて楽しいクルマだったな」と、フェアレディZの印象を語っている。

Z432Rが念願の初優勝を飾るのは、初レースから3カ月後の4月12日である。舞台は富士スピードウェイだった。SCCN（スポーツ・カー・クラブ・オブ・ニッサン）主催のレース・ド・ニッポン6時間レースに、日産ワークスは2台のZ432Rを送り込んでいる。1台は北野と長谷見昌弘がステアリングを握り、

フェアレディZ432Rのデビュー戦となった1970年1月の全日本鈴鹿300キロレース。カーナンバー68を付けたZ432Rのステアリングを握ったのは日産ワークスの北野元である。レースのためのホモロゲーションを取得していなかったため純粋なレーシングマシンと同じRクラスでの参戦となったが、鮮烈な走りを披露した。予選で4番手のポジションをつかみ、決勝レースでも上位入賞が期待されたが、9周目の第1コーナーで痛恨のスピンを喫し、リタイアに終わっている。だが、それまではフォードGT40と激しい2位争いを演じ、観衆を総立ちにさせた。

1970年4月11日と12日に富士スピードウェイで開催されたレース・ド・ニッポン6時間レースに、日産は2台のワークスZ432Rを持ち込んだ。ドライバーは日産ワークスの北野元と長谷見昌弘、そして横山達と寺西孝利である。このレースではスカイラインGT-Rとともに激しいタイムアタックを行ない、予選4番手と7番手の座を手にした。決勝レースではスタート直後からトップを奪い、2台のワークスZ432Rがランデブー走行を続けている。横山／寺西組のZ432Rはデフトラブルでリタイアしたが、カーナンバー1を付けた北野と長谷見のマシンがGT-R勢を振り切って初優勝を飾った。デビュー戦から3戦目の快挙である。

1970年5月24日に行われた全日本鈴鹿1000キロレースには5台のフェアレディZ432Rが出場している。スタートを前にピット前に並ぶワークスZ432R。カーナンバー18は、予選で4位につけた寺西孝利／歳森康師組のマシン、カーナンバー17は予選5番手で決勝レースに進んだ横山達／砂子義一組のZ432Rである。予選での最上位は北野元／長谷見昌弘組のZ432Rで、3番手からのスタートだった。セミワークスの寺西／歳森組はソレックス・キャブ仕様だが、他の2台はフューエルインジェクション仕様となっている。決勝レースではトラブルに見舞われ、3台とも戦列を去った。だが、生き残った西野弘美／藤田皓二組のZ432RがスカイラインGT-Rやコロナ・マークⅡ GSSを振り切り、ウイナーとなっている。

もう1台には横山達と寺西孝利が乗り込んだ。予選でGT-R勢に割り込んで4番手と7番手につけたZ432Rは、スタートするや居並ぶGT-Rを置き去りにし、1、2位を占めた。2台のフェアレディZによる激しいトップ争いが繰り広げられたが、横山／寺西組のZはレース終盤になってデフを壊し、惜しくも戦列を離れている。残る北野と長谷見のZ432Rは159周、959kmをハイペースで走り切り、最初にチェッカーを受けた。デビューからわずか3戦目にしての勝利である。

その1カ月後の5月に開催された鈴鹿1000キロレースでは、有力プライベーターの西野弘美と藤田皓二がワークス勢を破り、堂々のウイナーとなった。また、6月に行なわれた全日本富士300マイルレースでも、グループ7のビッグマシンに伍して総合5位の座を手に入れている。10月の日本オールスターレースには、プレジデントに積まれている3ℓのH30型直列6気筒エンジンを移植したZが出走し、注目を集めた。これはプライベート・チームによって製作されたRクラスのモンスターZである。

この時期、日産ワークスのフェアレディZ432RはGT-Rと同じルーカス製のフューエルインジェクションで武装した。だが、燃料噴射システムを装備したZ432Rは、ほとんど実戦に登場していない。その理由は、海外向けに開発されたダットサン240Zのほうが素姓がいいと判断したためである。日本仕様のフェアレディZは2ℓエンジンだが、輸出仕様にはL20型の排気量を2.4ℓに拡大したL24型直列6気筒SOHCユニットが積まれていた。もちろん、シビアなメンテナンスを必要とするS20型エンジンは輸出仕様にはなかった。

240Zの登場

ダットサン240Zは、2ℓエンジンに代えてセドリックとグロリアで好評のL24型エンジンを搭載したモデルである。L20型エンジンのボアを78.0mmから83.0mmに広げ、ストロークを69.7mmから73.0mmに延ばして2393ccの排気量を得ている。ちなみにボア、ストロークは、ブルーバードに積まれていたL16型4気筒SOHCとまったく同じである。したがって、L16型エンジンの6気筒版と言えるのが、240Zに積まれていたL24型エンジンなのである。キャブレーションはSUツインだが、キャブの口径はL20型の38mm径から46mm径に換えられた。

量産型のL24型エンジンは、レギュラーガソリンを指定しながら、Z432に迫る実力を備えていた。1971年3月に日本市場に投入されたフェアレディ240Zは最高出力150ps／5600rpm、最大トルク21.0kg-m／4800rpmというパワースペックである。トランスミッションは、5段マニュアルに加え、3段タイプのオートマチックが用意された。バリエーションは240Zをボトムに、充実装備の240Z-L、そして日本専用モデルとしてグランドノーズとオーバーフェンダーを装着した個性派の240ZGを設定していた。言うまでもなく、レース仕様のベースとなったのは、ノーズを延ばして空力性能を向上させた240ZGである。

プライベート勢にZ432Rが行き渡ったころに、ワークスマシンは240Zが主役の座に就いた。高回転の伸びとトップエンドのパワー感は、DOHC 4バルブを採用するS20型エンジンに一歩譲る。だが、L24型エンジンのほうが実用域のトルクに厚みがあり、扱いやすかったのだ。排気量が400cc大きいこともあり、絶対的なトルクも太い。だからコーナーでの

Z432Rがレースデビューを果たした1970年は、最新のZと旧世代のフェアレディ2000が混走するシーンが数多く見られた。5月の全日本鈴鹿1000キロレースには9台のフェアレディ2000が挑んでいる。ポテンシャルの違いは歴然としていたが、信頼性の高いマシンだけに完走率は高かった。このレースでもカーナンバー23のフェアレディ2000(仲庭成和/畠山日盛)が総合6位に食い込んだ。

1970年5月の全日本鈴鹿1000キロに出場した5台のZ432Rのうちの2台はルーカス製のフューエルインジェクションを装着したファクトリー仕様だった。残る3台はスポーツキットのソレックス・キャブを装着した日産・大森チューンのマシンで、カーナンバー19のフェアレディZには西野弘美と藤田皓二が乗り込んだ。土曜日の予選で2台のベレットR6に続く3、4、5番手のポジションを得たZ432Rは、スタート直後からベレットR6と熾烈なバトルを繰り広げたが、4台はリタイアを余儀なくされている。残った1台が7番手からスタートした西野/藤田組のフェアレディZだった。オレンジ色のZ432Rはコンスタントに周回を重ね、スタートから5時間にしてトップの座を奪取した。そして追いすがるスカイラインGT-Rを振り切り、総合優勝を勝ち取っている。

立ち上がり加速は鋭かった。同じタイムで走るなら240Zのほうがはるかに乗りやすかったし、タイムを詰めるのもラクだったのである。

S20型エンジンは振動が大きく、エンジントラブルやトランスミッショントラブルなども多発した。信頼性に対する不安、これも見限られた理由のひとつである。S20型が旧プリンス系の設計陣が手掛けたエンジンであったことも、疎んじられた理由に挙げられる。プリンス出身のスカイラインGT-RはS20型でいいが、日産を代表するスポーツカーのフェアレディZには日産純血のL24型ユニットがふさわしい、と感じていたエンジニアも少なくなかった。また、L24型エンジンを搭載したダットサン240Zは海外ラリーやレースで活躍していた。長期的な展望と世界的な視野で考えると、モータースポーツ活動はL24型エンジンで行なわなければならなかったのだ。

日本のレース界に240Zの名が知れ渡るのは、1970年の7月のことである。全日本富士1000キロレースに日産ワークスチームは輸出仕様のエンジンを積んだ240Zを送り込んだ。高橋国光と黒沢元治の手に委ねられた240Zは予選でGT-RとZ432Rに先行を許し、5番手に甘んじた。決勝レースでも始動に手間取り、出遅れている。他のマシンがヘアピンコーナーにさしかかったころにエンジンが目覚め、黒沢は半周遅れで第1コーナーへと消えていったのだ。

だが、そこから鬼神の走りを見せた。先行するマシンをコーナーというコーナーで追い詰め、次々にパスして、スタートから1時間後には4番手まで浮上したのである。黒沢からバトンを受けた高橋も、追撃の手を緩めない。着実にポジションをアップし、それから1時間後にはトップを走るスズキ・バンキン72Cを視野に捉えた。驚異の追い上げに動揺したスズキ・バンキン72Cは、その直後に痛恨のスピンを喫し、戦列を去っている。

トップに立った240Zだったが、新たな試練が待ち受けていた。独走態勢を固めたレース後半になって、左後輪のハブボルトが破損したのだ。応急修理を施してコースに復帰したが、トップの座を長谷見のワークスGT-Rに奪われていた。再び240Zのステアリングを握った高橋国光は、GT-Rを猛追する。一時は1周以上もの差が開いていたが、1周につき2秒以上もタイムを縮め、残り8周でトップに返り咲いたのだ。そして追いすがるGT-Rを鼻の差で退け、240Zは劇的なデビューウインを達成した。

その後の活躍は枚挙にいとまがない。本格参戦した1971年にはサーキットにZ旋風を巻き起こしている。オープニングレースとなる鈴鹿300キロレースでは北野元が前年の雪辱を果たし、総合優勝を奪取した。4月のレース・ド・ニッポン6時間レースでも高橋／長谷見組が勝利を手にしている。また、5月の日本グランプリGT-IIレースでは240Zが1、2位を占め、3、4位にはZ432Rが食い込んだ。この年、240Zを駆る日産ワークスの北野元は全日本ドライバー選手権SIIクラスのチャンピオンに輝き、Z432Rのステアリングを握った西野弘美も鈴鹿SIIチャンピオンの座を手に入れた。もはやサーキットにおけるZのライバルは、Zしかいなかったのである。

GCレースの名でファンを沸かせた富士スピードウェイの富士グランチャンピオンレースでも、240Zは快進撃を続けている。第1戦で高橋国光の操るワークスカーは、市販のGTカーとして初めて2分の壁を破った。続く第2戦の富士グラン300マイルレースは大雨に見舞われたが、ここでも非凡な走りを披露している。予選7番手につけた北野元は、土砂降りの決勝レースで排気量とパワーに勝るマクラーレンM12やポルシェ908を相手に、群を抜く速さを見せつけたのだ。ヒート1で堂々の優勝を飾り、続くヒート2でも果敢に攻めて2位でフィニッシュ。トータルポイント190点を獲得し、北野は総合優勝に輝いている。トップ10のマシンのうち、5台がフェアレディZだった。この快挙によって「雨に強いZ」を強烈に印象づけたのだった。

第2戦で総合3位と健闘した柳田春人は、翌1972年に240Z神話を不動のものとしている。第1戦で2台のマクラーレンM12に続く総合3位の座を奪い、IIクラスのウイナーとなった柳田は、第2戦の富士GC300マイルレースで念願の総合優勝を飾った。また、高橋健二の240Zも、マクラーレンM12に続く3位の座を手に入れるなど、雨のレースでは圧倒的な強さを見せつけている。有力なプライベート・チームは、71年の後半にはマシンをZ432Rから240Zにスイッチした。その結果、72年には240Z同士の熾烈なバトルが各地のサーキットで繰り広げられることになった。こ

最初にサーキット・デビューを果たしたのはフェアレディZ432Rだったが、ワークスの主役だった期間は短かった。これに代わって主役に躍り出たのがフェアレディ240Zである。海外市場ではダットサン240Zと呼ばれたモデルで、2393ccのL24型SOHCストレート6を搭載する。日本で発売されたのは1971年11月だが、それより1年以上も前にサーキットには姿を現した。記念すべき初陣となったのは、1970年7月の全日本富士1000キロレースである。カーナンバー31の240Zには高橋国光と黒沢元治が乗り込んだ。予選は2台のZ432Rと2台のスカイラインGT-Rに続く5位で通過した。だが、決勝レースではスタートから3時間後にトップの座を奪い、砂子義一／長谷見昌弘組のスカイラインGT-Rと手に汗握るバトルの末にデビューウィンを達成している。

サーキットに初めて姿を現したダットサン240Z。このときはソレックス44PHHキャブを3連装していた。動力性能はZ432Rに及ばなかったが、S20型エンジンより低い回転域から厚みのあるトルクを発生する。耐久テストを兼ねて、高橋国光と黒沢元治が全日本富士1000キロレースに実戦参加した。Z432Rと同じようにオーバーフェンダーやリップスポイラー、リアスポイラーを装着しているが、後の240ZG（日本専用モデル）にあるグランドノーズは付いていない。タイヤはダンロップのレーシングを履いている。このマシンは8月には鈴鹿サーキットに持ち込まれ、鈴鹿12時間レースで北野元と砂子義一がポールポジションを奪った。

1971年1月の全日本鈴鹿300キロレースには日産ワークスの主力マシンにのし上がったダットサン240Zが2台エントリーしている。カーナンバー41のマシンは高橋国光が、カーナンバー43のマシンは北野元がステアリングを握った。ポールポジションは前年の雪辱を期す北野がマークする。2分27秒7の好タイムを叩き出し、2番手の高橋に1秒以上の差をつけた。予選3番手はZ432Rを駆る桑島正美、4番手にはZ432Rの西野弘美が付け、予選上位をフェアレディZが独占している。決勝レースはマシンを壊した高橋が欠場したため、北野の独走となった。北野は2分29秒台のハイペースでレースをリードし、240Zを優勝に導いている。北野は続く3月の全日本鈴鹿自動車レースでも240Zで優勝を飾り、2連覇を達成した。この年、北野は全日本ドライバー選手権SⅡクラスのシリーズ・チャンピオンに輝いている。

1971年5月の71日本グランプリ（GT-Ⅱレース）には都平健二がダットサン240Zのステアリングを握った。このレースはフェアレディZのワンメイクレースと化していたが、240Zは群を抜く速さと強さを見せつけている。カーナンバー16の240Zに乗る都平は安定したドライビングでライバルを圧倒し、グランプリ初制覇をなし遂げた。この直後からフェアレディ240Zは日産系の有力プライベーターの手に渡り、サーキットで240Z旋風を巻き起こす。

富士スピードウェイを代表するビッグレースに成長した富士グランチャンピオン・シリーズには1971年から240Zが参戦している。第1戦に出場した高橋国光の240Zは予選で2分の壁を破った。続く6月の第2戦は北野元がワークスカーのステアリングを握り、予選7番手で決勝レースに駒を進めている。レース本番は土砂降りの雨に見舞われたが、フェアレディ勢はミッドシップ・レーシングのマクラーレンM12やポルシェ908を相手に互角の戦いを挑んだ。この第2戦の富士300マイルレースは2ヒート制で行なわれた。北野は第1ヒートで優勝、第2ヒートでも2位に食い込み、総合優勝を勝ち取っている。ちなみに8月の第3戦、富士500キロスピードレースでは北野に代わってサファリ・ラリーのウイナー、E. G. ヘルマンとH. シュラーが240Zで参戦した。シュラーは予選15番手、ヘルマンは予選17番手で決勝レースに進出している。ポルシェでレースに出たことのあるシュラーは第1ヒートこそ12位に終わったが、第2ヒートは7位でゴールした。

富士スピードウェイの6kmコースを40周ずつ2回走る2ヒートで争われた1972年6月の富士グランチャンピオン・シリーズ第2戦、富士グラン300マイルレース。カーナンバー10のフェアレディ240Zに乗る柳田春人は予選は8列目と低迷した。第1ヒートでもポイントを45だけ獲得したにとどまったが、天候が悪化してコースが水浸しとなった第2ヒートではマクラーレンM12やローラT280を一気に抜き去り、最初にチェッカーフラッグを受けている。トータルポイントは145点で、マクラーレンM12と同じポイントだったが、第2ヒートの得点が優先されたため、総合優勝に輝いた。雨に強いフェアレディのレース神話は、このときも立証された。

の年は、西野弘美が全日本ドライバー選手権と鈴鹿SIIチャンピオンの両タイトルを手にしている。

レース用クロスフロー・エンジン

だが、フェアレディ240Zの栄光は永くは続かなかった。強力なコンテンダーが次から次へと名乗りを上げたからである。その筆頭が、軽量コンパクトなボディにウルトラスムーズなロータリーエンジンを搭載した、マツダのサバンナRX-3だった。スカイラインGT-Rを引退に追いやったマツダのロータリー軍団は、フェアレディZにも牙を剥いて襲いかかる。1973年、大きなウエイトハンディを背負った240Zは、サーキットで苦戦を強いられるようになった。

L24型に代表されるL型系の6気筒は、高回転を得意とするエンジンではない。ファミリーユースを狙ったSOHCの2バルブ方式だったし、燃焼室形状もウエッジ型を採用していた。フレキシブルなエンジン特性だが、回転を上げてパワーを稼ぐのはむずかしい。レースでは、中速域から厚みのあるトルクを発生してタイムを削り取るしか方法はない。当然、日産でもL型系エンジンの弱点には気づいていた。高回転型エンジンに生まれ変わらせるためには、エンジン内部の大幅な改造が必要になる。そこで打倒ロータリーをめざし、エンジン内部にメスを入れることにしたのだった。もちろん、ベースとなったパワーユニットは、信頼性の高いL24型SOHCストレート6である。

横浜市の追浜に本拠を置く日産ワークスのエンジニアは、L24型エンジンのヘッド部分を大改造し、燃料供給とエグゾースト系のレイアウトを大幅に変更した。シリンダーヘッドの吸・排気ポートに、高回転の伸びに優れるクロスフロー・レイアウトを採用したのが、開発コード"R390"と呼ばれるレーシング仕様のL24型エンジンである。オイル潤滑も、ウエットサンプではなくドライサンプに変えられている。レース用のオプションキットという名目で開発され、1973年からフェアレディZに積まれて実戦投入された。

R390と呼ばれるクロスフロー・レイアウトのL24型エンジンが、初めてサーキットに姿を現したのは、1973年4月に開催されたレース・ド・ニッポン6時間レースだった。このレースはSCCNの創設10周年を記念して開催されたイベントで、日産車が大挙して出場している。注目を集めたのは、Rクラスにエントリーした3台のワークス・フェアレディZで、そのうちの2台にはキャブレターに代えて電子制御燃料噴射装置のEGIが装備されていた。もう1台はソレックスの50PHHキャブ仕様だった。レースではEGI装着の240Zが群を抜く速さを見せつけ、歳森康師／星野一義組がローラT290に次ぐ2位で、鈴木誠一／寺西孝利組の240Zも3位でフィニッシュしている。

日産は公害対策とオイルショックを理由にワークス活動を休止したが、クロスフロー・レイアウトのL型エンジンの開発と熟成は、サーキットとテストコースを使ってたゆまなく進められた。1973年秋、輸出仕様のZはモアトルクの要求に応え、ダットサン260Zに進化する。排気量を2565ccに拡大したL26型エンジンを搭載したものだが、これを機にレース仕様のフェアレディZも、より戦闘力の高い260Zをベースにしたものに切り換えられた。

1975年4月、クロスフロー・ヘッドを備えた260Z Rがベールを脱ぐ。レース・ド・ニッポン筑波で北野元がステアリングを握り、バイオレット・ターボとともにエキシビション走行を行なった。その3カ月後の7月には辻本征一郎と土屋春次がコンビを組み、富士1000キロレースに出場している。日産がレース活動を休止しているため、エンジンを貸与しての出走だった。ただし公認ヘッドでないため、GTSクラスではなくRクラスでの出走となった。このときは際立つ速さを見せつけたが、リタイアに終わっている。

この時期、輸出仕様のZは、排気量を2793ccにスケールアップしたダットサン280Zが主役の座に躍り出た。レース仕様も、260Zを名乗っていたが、実際にはL28型ベースのクロスフロー・エンジンが搭載されていた。開発は追浜から日産のモータースポーツ部門を統括する大森のスポーツ相談室に引き継がれ、"LY28"の名でレース用オプションキットに名を連ねた。キャブレーションはソレックス50PHHキャブが基本だが、燃料噴射装置もトライされている。クロスフロー・ヘッドを備えたLY28型SOHCエンジンは、ボアを1.8mm広げた87.0mmで、ストロークは79.0mmのままであった。総排気量は2868ccになる。キット

富士グランチャンピオン・シリーズのスーパーツーリング・レースでサバンナRX-3と熾烈なバトルを繰り広げた柳田春人のフェアレディ280Z。1977年に2勝を挙げ、その翌78年には排気量を3ℓにスケールアップしたフェアレディZでシリーズ・チャンピオンに挑んだ。オープニングレースの富士300キロ・スピードレースでポール・トゥ・フィニッシュを達成した柳田は、9月の富士インター200マイルレースで再び優勝を飾っている。そして10月の第4戦、富士マスターズ250キロ・レースでも柳田の黒いフェアレディZがウイナーとなり、最終戦を待たずしてシリーズ・チャンピオンを決めた。

を装着したソレックス仕様でも300ps以上／9500rpm、32.0kg-m／8500rpmと、大幅なパワーアップが図られていた。

　LY28型エンジンは日産系のチームに放出され、耐久レースや富士GCのスーパーツーリングレースなどに参戦している。このエンジンを積んで大暴れしたのが柳田春人である。1976年に富士GCのサポートイベント、スーパーツーリングレースに参戦するや、常勝を誇るサバンナRX-3と熾烈なバトルを繰り広げた。1977年に2勝を挙げた柳田は、78年に排気量を3ℓまでスケールアップした280Zを持ち込み、3勝を挙げている。この年、柳田はシリーズ・チャンピオンに輝き、最後に花を咲かせた。1978年のシーズンをもってS30型フェアレディZは勇退し、主役の座を降りた。

　レースでの活躍ばかりがクローズアップされているが、S30型フェアレディZはラリーの世界でも大暴れした。ハイスピードで展開される国際ラリーと違って、タイトコーナーの多い日本のラリーではフェアレディZの不利は否めない。だが、73年のサファリ・イン・キョートで総合2位を奪い、6月のTACSクローバー・ラリーではブルーバード510を抑えて横山文一／佐久間健のフェアレディZが総合優勝を飾っている。

　スポーツカーの新しい時代を築いたのが、S30型フェアレディZである。サーキットでもラリーコースでも、その姿は光っていた。70年代のモータースポーツ・シーンを彩った名車中の名車、それがS30型フェアレディZである。このクルマが果たした役割は、限りなく大きい。

フェアレディZ レース戦績（主要国内レース）

年月		レース名	マシン	ドライバー	レース結果
1970年	1月	全日本鈴鹿300キロ	フェアレディZ432 R	北野元	リタイア
	4月	レース・ド・ニッポン6時間	フェアレディZ432 R	北野元／長谷見昌弘	優勝
	5月	鈴鹿1000キロ	フェアレディZ432 R	西野弘美／藤田皓二	優勝
	6月	全日本富士300マイル	フェアレディZ432 R	鯉沼三郎	5位　クラス優勝
		100マイルレース	フェアレディZ432 R	桑島正美	2位　クラス優勝
		全日本クラブマン	フェアレディZ432 R	桑島正美	2位　クラス優勝
	7月	北海道スピードウェイ	フェアレディZ432 R	歳森康師	3位　クラス優勝
		全日本富士1000キロ	ダットサン240Z	高橋国光／黒沢元治	優勝
	8月	鈴鹿12時間	フェアレディZ432 R	西野弘美／増田万三	8位　クラス優勝
	9月	鈴鹿シルバーカップ	フェアレディZ432 R	西野弘美	優勝
	11月	全日本鈴鹿自動車	フェアレディZ432 R	桑島正美	2位　クラス優勝
1971年	1月	全日本鈴鹿300キロ	ダットサン240Z	北野元	優勝
	3月	全日本鈴鹿自動車	ダットサン240Z	北野元	優勝
		ストックカー富士300キロ	ダットサン240Z	北野元	優勝
	4月	全日本鈴鹿500キロ	フェアレディZ432 R	西野弘美	優勝
		レース・ド・ニッポン6時間	ダットサン240Z	高橋国光／長谷見昌弘	優勝
			フェアレディZ432 R	桑島正美／千代間由親	15位　クラス優勝
	5月	日本グランプリ（GTレース）	ダットサン240Z	都平健二	優勝
	6月	富士グラン300マイル	ダットサン240Z	北野元	優勝
	7月	富士1000キロ	ダットサン240Z	篠原孝道／鯉沼三郎	4位　クラス優勝
	8月	鈴鹿グレート20	ダットサン240Z	鈴木誠一	6位　クラス優勝
	9月	富士インター200マイル	フェアレディZスペシャル	鯉沼三郎	2位
		全日本鈴鹿自動車	ダットサン240Z	北野元	2位　クラス優勝
	11月	全日本ゴールデントロフィー	フェアレディZ432 R	西野弘美	5位　クラス優勝
1972年	1月	全日本鈴鹿新春300キロ	フェアレディ240GS	北野元	2位　クラス優勝
	3月	全日本鈴鹿自動車	フェアレディ240Z	西野弘美	優勝
		富士300キロスピード	フェアレディ240Z	柳田春人	3位　クラス優勝
	4月	鈴鹿500キロ	フェアレディ240Z	西野弘美	6位　クラス優勝
		レース・ド・ニッポン	フェアレディ240Z	大塚光博／谷口芳浩	6位　クラス優勝
	5月	日本グランプリ　GT	フェアレディ240Z	都平健二	優勝
		全日本鈴鹿1000キロ	フェアレディ240Z	大塚光博／谷口芳浩	3位　クラス優勝
	6月	富士グラン300マイル	フェアレディ240Z	柳田春人	優勝
	7月	日本オールスター	フェアレディ240Z	西野弘美	優勝
	9月	全日本鈴鹿自動車II	フェアレディ240Z	西野弘美	優勝（全日本クラス）
	10月	全日本富士1000キロ	フェアレディ240Z	杉山博／浅田卓秀	2位　クラス優勝
	11月	鈴鹿グレート20	フェアレディ240Z	増田万三	5位　クラス優勝
1973年	1月	全日本鈴鹿新春300キロ	フェアレディ240Z	北野元	2位　クラス優勝
	4月	レース・ド・ニッポン6時間	フェアレディ240Z	西野弘美／柳田春人	4位　クラス優勝
	5月	鈴鹿1000キロ	フェアレディ240Z-R	高橋国光／都平健二	優勝
1976年	5月	レース・ド・ニッポン	フェアレディ260Z	久保浩一	5位　クラス優勝
1977年	6月	富士グラン250キロ	フェアレディ240Z	柳田春人	優勝
	9月	富士インター200マイル	フェアレディ240Z	柳田春人	優勝
1978年	3月	富士300キロスピード	フェアレディ280Z	柳田春人	優勝
	9月	富士インター200マイル	フェアレディ280Z	柳田春人	優勝
	10月	富士マスターズ250キロ	フェアレディ280Z	柳田春人	優勝

海外における初代Z
The Z Overseas

ブライアン・ロング ── 英国人モーター・ジャーナリスト
Brian Long

訳：小川 文夫

日産のアメリカ進出

日産自動車が重要な輸出市場のひとつ、アメリカに進出を果たしたのは1958年のことである。最初は商社を通じた小規模なものだったが、1960年9月に現地法人、アメリカ日産が設立され、本格的な輸出が始まった。

アメリカ日産の初代社長には本社輸出部門の責任者、石原俊が就任し、ほかに二人の副社長が置かれ、片山豊が西部（西海岸）を、川添惣一が東部をそれぞれ担当した。名目上は石原が社長だったが、彼の実際の仕事場は東京にあり、代わって現地にいた副社長の片山がアメリカにおける会社の顔とみなされた。彼はその後社長となり、Zカーの販売にも大きな役割を果たすことになる。

当時、日本国内では"ダットサン"と"ニッサン"のふたつのブランドを使い分けていたが、海外の市場向けにはすべてダットサンという名前が使用されていた。ニッサンのブランド名が全世界で使われるようになったのは、1980年代に入ってからのことである。

アメリカへの輸出は当初ピックアップトラックやセダンが大半を占めていたが、現地法人の設立と前後して、徐々にスポーツカー（フェアレディSPL212／SPL213）も販売されるようになった。しかし、当時アメリカに大量に輸入されていたイギリス製スポーツカーを脅かす存在とはなり得なかった。

ダットサンスポーツ（あるいはセダンやピックアップも）まだアメリカ人にとって満足できる出来映えの車ではなかったが、顧客サービスは特筆に値するものであった。日産は1961年までにアメリカ国内に60店に及ぶディーラー網を築き、イギリスのメーカーとは違って、顧客から何か意見や要望があれば素直にそれに耳を傾けた。結局のところ、エンドユーザーの望むものを作れば、その製品が売れる可能性は高まる。イギリス車メーカーにはこうした認識が欠けていたように思われる。

飛躍のきっかけとなったのは、SPL310である。1961年の東京モーターショーにおいて初めて姿を現わしたこのモデルは、以後1962年から70年にかけて1.5、1.6、2.0ℓと排気量を上げながら発展していった。このSP／SRシリーズは合わせて約4万9000台が造られ、実にその9割近くがアメリカで販売された。

ダットサン240Zの誕生

フェアレディSP／SRはアメリカで大きな支持を受けたが、片山豊は、この市場にはもっと違ったスポーツカーが必要だと考えていた。快適性、スタイル、パワー、安全性の点において、アメリカ人はさらに次元の高いクルマを求めていると。片山はそうした現地販売サイドの意見を東京の本社や開発部門に頻繁にフィードバックしていた。もちろん彼の働きかけだけでダットサン240Z／フェアレ

ィZが生まれたわけではないが、その誕生にあたってきわめて重要な役割を果たした。

日本での具体的な開発プロセスについては、別稿に譲るが、アメリカをはじめとする輸出市場向けには、エンジンとして2393ccユニットが選ばれた。このL24型はグロリアのエンジン（ボア・ストローク：78×69.7mm）あるいは旧フェアレディ用の4気筒（同：87.2×83mm）から派生したものではなかった。これは510ブルーバードに搭載された4気筒（L16型）の6気筒版で、ボア・ストロークは83×73.7mmであった。

ギアボックスはほとんどの仕向け地で5段マニュアル（ポルシェ・シンクロ）が使われたが、これはフェアレディ2000（SR311）のものを引き継いでいた。アメリカ向けには、4段マニュアル（ボーグワーナー・シンクロ）が標準で、こちらは510用ユニットのシャフト類を強化、ギア比を変更したものだった。当初、オートマチックは用意されなかった。

サスペンションのスタビライザーはフロントが全車標準だったが、その直径は仕向け地ごとに多少異なっていた。リアは、特定の市場（例えばイギリス）向けのみに装着された。左右のハンドル位置に伴う相違点を除けば、メカニカルな仕様で輸出モデルと日本国内モデルで異なる部分はほとんどない。

様々な産みの苦しみを経て、新しいスポーツカーが誕生し、1969年10月の東京モーターショーでデビューした。日本ではフェアレディZ、海外ではダットサン240Zと呼ばれた。

月産2000台の予定で生産が始まったZは、その大半が北米市場に輸出された。当時、円の対ドル為替レートは日本からの輸出には有利で、240Zはアメリカ市場では非常に値頃感があり、かつ日産にとっても充分な利益が見込めた。

アメリカ市場の反応

240Zが海外で初めて公の場にお目見えしたのは、1970年4月のニューヨーク・ショーで、白いズボンをはいたブロンドの女性とともに、ターンテーブルの上に展示された。アメリカ向け標準仕様車には3526ドルの価格が付けられた。ちなみに、フェアレディ1600は2766ドル、フェアレディ2000は3096ドルであった。

最もポピュラーな雑誌のひとつ『Road & Track』が行なったロードテストの結果を見ると、最高速度が122mph（約196km/h）、0－60mph（約97km/h）の加速がわずか8.7秒、0－100mph（約161km）が27.1秒、そして0－400mが17.1秒という記録が残っている。また同誌はスタイリングについて、多すぎるバッジ類、フロントフェンダー前端のヘッドライト部の見苦しい継ぎ目、デザインされたホイールの代わりに装着されたホイールキャップを難点として挙げている。

『Car & Driver』1970年6月号には、こんな記述がある。「ダットサンがOHCエンジンや、ディスクブレーキ、独立懸架式サスペンションを発明したわけではない。だが、彼らはこうした複雑なシステムを見事なやり方で、非常に手頃な価格の車に組み込む技に長けていた」

上記のような技術は今でこそ当たり前のものだが、当時はいずれも量産車としては先進の技術で、一般に高級車や高価なスポーツカーにしか使われていなかった。記事はさらに次のように続く。「ダットサン240Zと、あり

左：アメリカ市場向けに作られた最初のカタログ。アメリカ仕様の240Zはリアフェンダーにサイドマーカーを装着するのが外見上の特徴である。フロントフェンダーのサイドウィンカーはすべての仕向け地で共通。ダットサンの名を示すバッジが、ボンネットの先端と、フロントフェンダーの側面、そしてリアハッチの右側に付いた。

右：アメリカ仕様では、リアバンパーにもオーバーライダーが付く。

ふれた3500ドル・クラスのスポーツカーとの違いは、ダットサンの方が開発にあたって倍近い熟考が重ねられている点である。それは誰の目にも明らかで、同じ価格であれば、240Zの方がはるかに素晴らしい車だ」

確かに、Zカーの"バリュー・フォー・マネー"はきわめて高かった。アメリカ仕様車は175×14のラジアルタイヤ、AM/FMラジオ（電動アンテナ付き）、前後のオーバーライダー、3点シートベルト、時計、ステアリングロック、鍵付きのグローブボックスを標準で備えていた。日本風デザインのマグネシウム合金ホイールもオプションで用意された。

『Car & Driver』もこう書いている。「Zカーは、これまでセダンや非常に高価なGTにしか見られなかった類のクオリティを備えている。価格こそ、Zカーで最も評価すべきものだ。欠点はいくつかあるが、今のままでも値段相応の価値はある」

彼らのテストでは、0－60mphは7.8秒だったが、最高速度のトライは標準の4段トランスミッションのみでしか行なわれず、109mph（約175km/h）という結果に終わった。加速性能とブレーキングは非常に良好だったが、後者は軽量なSRL311に比べて劣っていると書かれている。とはいえ、実際の市場では需要が供給を上回り、アメリカでは一時的にプレミアムさえ付いた。

『Popular Imported Car』は次のように手放しで絶賛している。「思い切ってこう断言したい。ダットサン240Zは、我々がこれまで乗った6000ドル以下の車で、最高のオールラウンド・スポーツGTである。そう、このZカーの縄張りは広い。すなわち、コルベットの大部分と、新型の914を含む多くのポルシェ、オペルGT、イギリス製やその他あらゆるスポーツGTがライバルだ」

もっとも、実際に240Zがすべての面で順調な滑り出しを見せたわけではない。『Car & Driver』では、初期の車に共通してドライブトレーンに振動が発生する点と、ブレーキディスクに直接水しぶきがかかるような状況で、ブレーキ性能が極端に低下する点を指摘している。後者は、のちにパッドの材質変更で改善された。また、最初期に生産されたアメリカ向けモデルの一部には、クランクシャフトの不良（これは直ちに変更された）と、エンジンの異常振動が見られた。

『Road & Track』によれば、4段ギアボックスのシンクロナイザーは素早いギアチェンジの際にギア鳴りが発生し、標準のショックアブソーバーは明らかに能力不足だったという。そのほか、世界中のテスト担当者が、高速安定性の低さについて書いている。

幸いにも、日産のエンジニアはすでにそうした問題に気づいており、陰でその改良に向けて努力を重ねていた。いっぽう、販売面では240Zは発売後たちまち好セールスを記録した。Zは同様な性能のライバル車に比べて極端に安価で、同じ価格帯に属する輸入車よりもはるかに速くパワフルだったからだ。

片山はこう語っている。「プアマンズ・ポルシェと言いたい人には、そう言わせておけばいい。だが、我々の方がずっと多く売ったのです」

需要に追いつくべく、当初月産2000台だった生産台数は、やがて2倍に増やされた。この時点では、まだオープンカーのフェアレディが併売されていたものの、240Zの方がはる

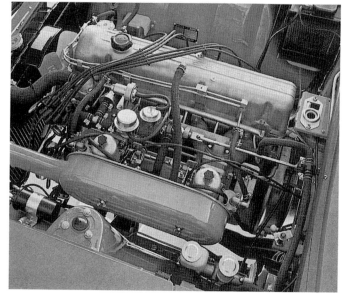

かに売れ行きが良かった。

アメリカにおけるSP／SRシリーズの販売は減少の一途をたどり（最後の年の販売台数は1285台であった）、1970年8月、遂にダットサンのスポーツカーの座を全面的にZに譲り渡すことになった。Zの生産台数は月産7500台にまで増えていたが、1970年モデルの生産予定期間の終了時点で、およそ6カ月分のバックオーダーを抱える状況だった。記録には、1970年8月末までに1万6215台の240Zがアメリカに出荷されたとある。

Zカーの進化

1971モデルイヤーは、アメリカでは9月1日から始まった。日産はゆっくりと寛いで、殺到するオーダーを待っているだけでも良かったが、彼らはZをさらに魅力的にしようと努力を続けた。『Road & Track』は次のように指摘している。「発売当初から、アメリカ市場でのオートマチック・トランスミッションの必要性は認識されていた。しかし、日産は510と同じボルグワーナー製を使うか、それともまったく新開発のユニットにするか、決めかねていたのである。1年後、後者のテストが終わった」

1970年の東京モーターショーで、日産はかねてからの予定通り、オプションのオートマチック・トランスミッションを発表した。これは一般的なトルクコンバーター式の3段変速で、日産と東洋工業（現マツダ）、フォードの3社による合弁会社で造られたものだった。アメリカ向けのオートマチック仕様車では、最終減速比が3.364：1から3.545：1に変更された。

『Road & Track』が行なったオートマチック・モデルのテストでは、発進加速で駆動ノイズがうるさく、ギアが2速から3速に切り替わる際に時々スリップが発生した。発進加速性能はマニュアル車に比べて全体的に20％ほど低下、0－400m加速では0.5秒の遅れをとり、燃料消費率は約10％悪くなった。

オートマチック仕様はオプションで、わずか190ドル増しという価格設定（標準車両の価格は3596ドル）で、マーケットを広げるかに思えたが、実際にはそれを選ぶ人は非常に少なかった。そもそも、Zはエンジュージアスト向けのための車であり、また当時はオートマチックというメカニズム自体が現在ほど進歩しておらず、アメリカでさえ、スポーツ指向のドライバーには支持されない状況にあった。結局、オートマチック仕様車の比率は10％にも満たなかった。

記録によると、1971年には3万3684台もの240Zが日本からアメリカに輸出された。それゆえ、『Car & Driver』がカー・オブ・ザ・イヤーに240Zを選んだ時も、驚きの声はそれほど聞かれなかった。

日産は、ポルシェと同様、次のモデルイヤーの開始を待たずに改良部品を次々に生産ラインで使った。弱点が見つかった部品は、できるだけ早く改められた。途切れることなく開発が進んでいた。

初期のマイナーチェンジのひとつに、1971年2月に行なわれた、トランクフードの通気口の廃止が挙げられる。リアピラーに付いていた"Z"あるいは"240Z"のバッジが、通気口と一体の新しい丸型の"Z"バッジに代わった。

4段ギアボックスにも多くの変更が施された。駆動ノイズの大きいF4W71型はやがて71A型に代わり（1971年1月）、まもなく71Bとなった（1971年9月）。後者はシフトレバーがクランク状になっている点で見分けられる。またそれに伴い、シガーライターとリアウィンドー熱線のスイッチが移動した。ハンドスロットルはかなり前に廃止されていた。オートマチック・ギアボックスも1971年4月に3N71A型から71Bに改められた。

左（2点）：アメリカ仕様の240Z。ステアリングホイールは、衝突安全基準に適合するよう木目調のプラスチック製とされ、シフトノブもほとんどの場合プラスチック製であった（ウッドステアリングとウォールナット製シフトノブはディーラーオプション）。左ハンドル車では、バッテリー搭載位置が日本／イギリス仕様と反対にある。

右：1972年にすべての仕向け地向けともに、ホイールキャップのデザインが新しくなった（日本のみ、旧型のホイールキャップも並行して使われた）。（車両協力：ジェームズ・モリス）

イギリスにおける240Z

アメリカではそれ以前からダットサンのスポーツカーが走っていて、人々にもお馴染みになっていたが、イギリスにおけるZの登場は突然の出来事だった。イギリス人がその車の素性に疑問を抱いたのも無理もない。これまでエコノミー車ばかり生産していた日本が、どうして本当のスポーツカーなど造れるのだろうと。確かに、日本車の"あら探し"的な見方しかできない人が多かった。しかしそうでない人、あるいは海外のレースやラリーに関心のある人、当時の自動車事情について正確な認識を持ち合わせていた人たちは、この車の本質を見抜いていた。

イギリスの自動車雑誌『Autocar』は、1970年9月17日号で次のように伝えている。「昨年の秋に東京モーターショーでデビューしたダットサン240Zは、2座席オープンカーのフェアレディと並行して生産される。イギリスに輸入されるかどうかは今のところ未定だが、アールズコート・ショーのダットサン・ブースには展示される予定である」

1970年のアールズコート・ショーに展示された240Zに対する、ショーを訪れた人々の反響は好意的なもので、販売に期待が持てた。ところが、インポーターを務めていた会社が倒産してしまう。だが幸いにも1971年2月、ダットサンUKが設立され、サセックス州ワージングに本社を置いた。そして、遂に240Zを輸入する決定が下された。

イギリスでの正式な販売が決まった240Zに対する自動車雑誌の反応は、おおむね好意的なものだった。例えば1971年初めの『Motor』はこう書いている。「日本車のイギリス進出に向けた新しい秘密兵器、ダットサンUKが輸入する240Zが、数週間前、何台かサンプルとして上陸した」『MotorSport』はこんな表現を使った。「（240Zは）洗練されたGTカーで、頑丈な作りと耐久性を備えている」

『Autocar』は1971年5月に240Zのロードテストを行なった。そのレポートは次のようにまとめられている。「日本の大メーカーの1社が造った一流のスポーツクーペ。パワフルなエンジンと、5段ギアボックスのギア比設定の妙により、高い性能を発揮。シートの座り心地は良いが、ポジションは大柄なドライバー向けだ。操作系は概して重いが、全体のバランスは申し分ない。ハンドリングは良好だが、ヒーターとベンチレーションの効きが悪い」

ほかの雑誌では、シートの詰め物が少ないとか、張り地が薄い（いずれ破れてしまう恐れがある）などといった指摘があった。室内のガタつき音も問題にされた。操作系については、ほとんどのテスト担当者が、高い評価を下している。『Motor』いわく、「この車で最も優れた特長のひとつが、ステアリングやレバー、ペダル類など、操作系の設計である」『Autocar』の記事はこう続く。「アメリカでの標準仕様と、イギリスで販売予定の車との大きな差は、ここでは5段ギアボックスが標準となる点だ。その代わりに、内装は、アメリカ仕様よりも一部簡略化される予定である」『Motor』も同様な点を指摘している。「ダットサンの軽量で扱いやすい5段ギアボックスは、業界最高レベルにある。ただし、音はうるさい」ドライブトレーンに関しては、プロペラシャフトの振動や、ガタつき音の発生もいくつかの雑誌で報告されている。

ほぼすべてのテストレポーターが口を揃えて称賛しているのが、スムーズでフレキシブルなエンジンである（アメリカ仕様とは排ガス浄化装置が異なる）。ただし『Motor』は、こんな文句をつけている。「レブカウンターには6500〜7000rpmにイエローゾーンが設けられているが、点火をカットするリミッターは実際にはそれ以下で働く設定となっている」もっとも、彼らは129mph（約208km/h）の最高速度を記録し、さらにこう付け加えている。「これほどの高性能を実現しながら、高い燃料消費効率を達成している。平均31.2mpg（約11km/ℓ）という数字は、この排気量の車としては見事なものだ」

240Zのハンドリングは、『Autocar』によれば、「ムラのない非常に安定した特性である」これはおそらく、優れた重量配分（前52％、後48％）の賜物であろう。ステアリングは概してニュートラルだが、わずかにアンダーステアが出ることもあった。標準の175のタイヤ（ホイールは4.5J×14インチのスチ

右：1972年10月に発行された1973モデルイヤーのアメリカ仕様240Zのカタログ。フロントグリルは日本国内のモデル（２ℓフェアレディZ）と異なり横線基調のデザインが採用された。運転席側のドアミラーは標準仕様。

ール製）は、高いレベルのグリップとコーナリングパワーを備えていた。

『Autocar』は次のように補足している。「もちろん、トルクは充分にあるから、オーバーステアを引き起こすのもたやすい。特に２速や３速（ワインディングロードでは最も使用頻度が高い）では、何の造作もない。したがって、実際にグリップを失うまで滑らせなくても、テールを流しながらコーナーを脱出することが可能で、その間じゅう、車は完全にコントロールできている」

しかし乗り心地については、批判的な記事が多かった。独立懸架であることを考えると、サスペンション設定は硬すぎるという意見も複数あった。『Motor』のコメントはこうだ。「240Zの乗り心地は、４輪独立懸架から期待されるほど優れているわけではない。低速ではゴツゴツとし、ひとつの隆起を乗り越える際の反応は並みだが、それが連続していると、特にリアが激しく突き上げられる」

にもかかわらず、『Autosport』にはこんな評価も載っている。「車のドライビングを楽しみやスポーツのひとつと考える人には、240Zは尽きない悦びを約束してくれる」「この車はルーフが低いものの、ドアが大きいため乗り降りは楽で、シートの調整範囲が広く、長身のドライバーでも大丈夫である」　実際には、Zの全高はそれほど低いわけではなく、流れるようなスタイリングとプロポーションによって、そう見えるだけなのだが……。

2288ポンドという価格の割に、240Zはきわめて高い性能を発揮した。エンジンのトルクを最大限に生かせるようギア比の設定されたギアボックスのおかげで、0-400mは15.8秒、0-60mphは8.0秒ちょうどで、しかも平均燃費は約8.5km/ℓだった。性能面ではポルシェ911Tあたりと完全に張り合えるレベルであり、価格を考慮すれば、まったく素晴らしい車といえた。もっとも、4.2ℓのジャガーは2711ポンドの価格で、225km/hのトップスピードを誇っていた。当時、コストパフォーマンスの点では、このジャガーが世界で一番だった。

1971年の夏には、一般の顧客にもＺのデリバリーが始まったが、はるかに需要の大きいアメリカへの出荷が優先され、イギリスへの供給は限られていた（この年の輸入台数は300台未満）。この時の日産は、輸出量に供給が追いつかないという嬉しい悲鳴を上げていた、世界でも数少ないメーカーのひとつだった。ちなみに、日産自動車の1971年の年間生産台数は173万台と、世界で５番目に多い数字で、クライスラーとフィアットのそれさえ上回っていた。

イギリスに輸入された最初期の車は、その大部分に前後のスポイラーが装着されていた。これは明らかに高速安定性の向上に役立った（アメリカではオプション）。リアウィンドーの熱線も標準だったが、当初ラジオはオプションであった。

イギリスにおける販売の出だしは低調で、日本国内、そして特にアメリカと比べると、販売台数はかなり少ないと言わざるを得ない。ヨーロッパ最大のマーケットたるイギリスにおける販売台数は、1970年代を通じて年間1000台にも満たなかった。しかし、数字の上では"お寒い"イギリスの240Zも、人気の面では、ラリーやレースでの活躍に助けられて、熱狂的なファンを増やしていった。

1972年モデル

1972年５月、240Zは『Car & Driver』の読者投票によるベストカー選びで、トップの座に輝いた。しかも、3000～5000ドルクラスだけでなく、総合でもベストワンに選ばれたのである。長年にわたって、このタイトルはコルベットが保持してきたが、遂に時代が変わろうとしていた。エコノミーセダンのクラスでは、ダットサン510がシボレー・ヴェガに次いで２位となり、またスーパークーペというカテゴリーには２台の日本車、マツダRX-2とトヨタ・セリカの名前があった。

その翌月、『Road & Track』は240Zのオーナー調査の結果を掲載した。それによれば、性能、ハンドリング、快適性、価格、内装、以上５つが、オーナーが最も満足している特徴のベスト５であった。ワースト５、すなわち最も不満な点５つには、高速時のハンドリング、生産品質の低さ、ひ弱なボディ、横風に対する弱さ、パーツの不足が挙げられた

購入動機を問う質問に対しては、購入者の55％がスタイリングに惹かれたと答えた。大部分の車が多かれ少なかれ何らかのモディファイを受け、レースに参加している車も多数あった。オートマチック・トランスミッションを選んだ人は２％にしか過ぎなかった。さ

240-Z

Z-Car styling is highly emotional. Based in engineering. Expressed in foot-to-the-floor driving. This year's 240-Z has refined responses in its high-revving overhead cam six cylinder engine. Deft touches in the silky 4-speed transmission. Extra road-feel and alertness in the rack and pinion steering. The fully independent suspension tracks, levels, delights.

Engineering refinements include a 3-speed wiper/washer. Fire-retardant interior materials and improved cold weather operation.

You'll love the comfort. Sink into the adjustable, reclining bucket seats, the shift greets your hand. In fact, one test drive and you may not ever want to drive anything else. No wonder it's *Car & Driver* magazine readers' "Car of the Year."

らに驚くべきことに、91％もの人が、もう1台買ってもいいと答えた。

日産は、なおも生産変更を、まるで毎週のように行なっていた。1972年には、5段ギアボックスの内部パーツが変更になった（FS5C 71Aから71B型に）ほか、エンジンの燃焼室形状が見直され、圧縮比が9.0：1から8.8：1に下がった。これは、排ガス規制に対応するため、低オクタンのガソリンを使えるようにするのが目的だった。また、プロペラシャフトやドライブシャフトまわりにも変更が加えられた。

1972年5月、リアウィンドーの熱線が垂直方向から水平方向に変わった。アメリカ仕様ではこの年から、標準ホイールが4.5J×14インチから5Jに変わり、またすべての仕向け地でホイールキャップが一新された。大型のブレーキサーボと間欠ワイパーが、徐々に全市場向けに装備されるようになった。

同年6月、イギリス仕様にはスロットルダンパーが付いた。これはスロットルのレスポンスを悪くする結果となり、総じて不評であった。アメリカでは発売当初からエアコンがディーラーオプションとして用意されていたが、それが1972年10月からメーカーオプションに加えられた。イギリスでは、エアコンは付かなかった。

変革の時代

1971年の変動為替制の導入に伴い、円は為替相場で高く評価されるようになった。1972年に入ると、前年の頭に1ドル＝360円だったレートはおよそ300円となり、石油危機の訪れた1973年には、一時1ドル＝253円にまで達した。

そうした円高は日本車の輸出にとって不利

240Z輸出モデルの販売台数

年	アメリカ	カナダ	オーストラリア	イギリス
1970	9,977	1,201	319	2
1971	26,733	3,440	894	72
1972	46,537	4,020	362	602
1973	52,556	2,537	783	774
1974	—	—	—	161

1973年の東京モーターショーでは、2.6ℓエンジンを搭載し、Gノーズを装着したロングホイールベースの2+2が展示された。しかし、2+2モデルは販売されたが(ちなみにGノーズはなしで)、2.6ℓエンジン搭載車は日本のショールームには並ばなかった。だが、輸出市場では異なる展開が見られた。

な状況をもたらした。しかし悪条件ばかりではなかった。アメリカでは、グラスファイバー製の車(つまり、シボレー・コルベットなど)の保険料が、スチール製ボディの車よりも高くなったのである。さらに、1973年の中東戦争勃発とそれに起因するガソリン価格の急騰によって、燃費に優れる日本車が好まれるようになった。1973年から77年で輸出台数は145万1000台から253万9000台へと増えた。『American Sports & GT Cars 1973』には、こうある。「240Zがお買い得車だった時代は終わった。二度にわたる国際的な金融危機によって、実質的にドルの価値は下がり、円の価値は上がった。その結果、1970年や71年ならオプションフル装備の240Zが買えた値段で、今や標準仕様にしか手が届かない」

1972年、アメリカでの240Zの価格は4106ドルだったが、翌年には、それが4695ドルに上がった。これにより、240Zは市場のひとつ上のクラスで勝負しなければならなくなった。当然、価格によって車に対するトータルの評価も変わってくる。まさに、イギリスでの状況と同じになった。

加えて、排ガス規制や衝突安全基準の強化のために、性能は鈍くなるとともに、車重も増した。1973年のアメリカ仕様では、キャブレターがHJG46WからHMB46W型に代わり、マニホールドにはEGR装置が付いた。HMB型のキャブレターの方が排ガス規制に適合させやすかったのだろう。また、EGR装着によって、スムーズなドライビングは望めなくなった。このHMB46Wはその後1974年までに、さらに5回もの変更を受けることになる。規制の厳しくないイギリス仕様には、HJG型が使われた。

同時に、アメリカでの衝突安全基準への対応策としては、バンパー及びそのマウントの強化が行なわれた。さらに長いオーバーライダーを装着し、全長は約150mmも伸びた。結果的に、合計で約45kgも車重が増えたにもかかわらず、逆に最高出力は129bhp／6000rpmと低下し、最大トルクも127lb-ft(17.5kg-m)まで下がった。

だた、アメリカにおけるZの評判はすでに確立されていた。長い納車待ちはなくなり、顧客は望む仕様の車を手に入れることができたが、依然人気は衰えなかった。アメリカで販売されたダットサン240Zが、1972年と73年の2モデルイヤーだけで、10万台以上に達したという数字を見ても、その人気のほどがうかがえる。しかし1974年に、アメリカをはじめとする大部分の海外市場では、ニューモデルが登場することになり、240Zの生産は1973年6月で終了した。

その他の海外市場

アメリカと同様、カナダでも240Zは大人気で、日産にとってアメリカに次いで2番目に大きな輸出市場となった。また、北米でもそうだったように、オーストラリアでもイギリス製スポーツカーはシェアを失い始めていた。トライアンフTR6は240Zとほぼ同等のパワーを備え、車重もわずかに重いだけだったが、『Sports Cars』はその2台を比べて、こう結論づけた。「Zの方が根本的に優れた車だ」

1971年6月の『Wheels』によれば、240Zは14カ所のマイナーチェンジを受けたが、価格は5段マニュアル仕様で4666オーストラリアドルに据え置かれた。最高速度は118mph(190km/h)で、0－60mphの加速は9.1秒だった。「この車は相変わらずトップクラスの性能を誇る。まさに日本製の傑作GTだ」

オーストラリアで240Zの販売が始まったのは1970年10月からで、以後、1977年までこの地は常にZにとって大きな市場だった。その販売は同時期のイギリスの2倍近かった。1970年の319台を皮切りに(イギリスでは同年わずか2台)、ピーク時の1976年には年間2000台以上のZがディーラーから顧客の手に渡った。

ドイツは1975年にヨーロッパ随一のZの販売を記録した(その年を除いて、常に最も多くのZを売ったのはイギリスだったが)。ドイツに初めて正式な形でZが輸入されたのは1973年のことである。いっぽう、フランスではその2年前から輸入が始まっていた。1973年12月までに、240Zのフランスへの輸入台数は672台に達した。

ダットサン240Zによって、これまでGTカーに乗ったことのない幅広い層の人々が、そ

右：ヨーロッパ仕様の260Z、2シーター。フロントバンパー下部のレンズは白色ベースとなり、ウィンカーは内側部分に内蔵された。

右下：アメリカ仕様の260Z、2シーター。新しい衝撃吸収型バンパーを装備し、リアのコンビネーションランプも変更を受けている。また"260Z"のバッジがリアハッチとフロントフェンダーに付いた。アメリカ仕様の260Zでは、内装色にブラック、タン、クリーム、ダークブラウンが選べた。張り地はビニールレザーであった。

の魅力を知るようになった。240Zは以後の歴代Zと比べて、最もスポーツ性が高い車であり、いちばん洗練されていない車だった。このスポーティな特性がモータースポーツの世界では真価を発揮し、240Zは特にラリーの世界で名声を博した。

260Z

キャブレターの気化不良の問題や、排ガス規制の強化への対処を迫られた240Zに、大幅なモデルチェンジが行なわれることになった。それが、1973年の東京モーターショーでデビューした260Zと、2+2である。1974年モデルの260Zは、240Zで不備のあった箇所がほとんど改良されていた。しかしこれほどの人気車ゆえ、日産は賢明にも、「必要な箇所だけを変更しました」と表現した。

その名称から明らかなように、最も大きな変更点は、2.4ℓから2.6ℓへのエンジン排気量の拡大であった。これは、非常に厳しい1974年のアメリカの排ガス規制をクリアしながら、スポーツカーとして求められる性能を落さないための手段だった。2565ccの排気量は、ストロークの延長（73.9→79mm）によって行なわれた。結果的に出力の増加はわずかだった（より厳しい独自の規制を持つカリフォルニア州仕様では逆に下がった）。高回転の吹け上がりは悪くなり、レッドゾーンの表示は6500rpmから6000rpmとなった。ただ、当時の自動車雑誌のロードテストによれば、5500rpmで充分な性能を発揮したという。

いっぽう、この2.6ℓユニット（L26型）のメリットとしては、トルクバンドが広くなったことと、トランジスター式点火システムの採用によって冷間時の始動性が改善され、メンテナンスの手間も減った点が挙げられる。トルクの増大に対応して、ドライブトレーンも強化された。2+2モデルは、ブレーキサーボの大型化とプロペラシャフトの延長を除いて、2シーター・モデルと同一だった。すべての仕向け地とも、キャブレターはHMB46W型となった。

2+2モデルは、車両重量が約90kg増えたが、ホイールベースが長くなったことで、乗り心地が向上し、高速安定性が著しく高まった。260Zではサスペンションのスプリングレートが高められた（2座席モデルよりも、2+2の方がより高い設定）。

室内では、ステアリングホイールの握りが太くなり、アームレストとドアの引き手が一体となり、シートの調整範囲が広がり、計器類の視認性が向上し、操作系が使いやすくなった。2+2ではリアシートが設けられ、左右一体型のバックレストを前方に折り畳むとラゲッジスペースになった。クォーターウィンドーは開閉可能となり（前ヒンジの後ろ開き）、ドアには後席の乗客用のリリースノブが追加された。そのほか、ペイントは全体に品質が良くなり、ホワイトとレッド以外はすべてメタリック色となった。

260Zのアメリカでの評価

260Zはアメリカでは、まず1973年11月1日から2シーター・モデルが（2+2は1974年5月から）発売となった。その外観上の特徴は、新しい衝突安全基準に則ったバンパー、いわゆる"5マイル・バンパー"であった。『Road & Track』はこう記している。「全体的に、ダットサンはこの260Zに、良い部分は残し、変更が必要と思われる部分のみを変更した。その結果、最近の急激な物価上昇を考慮すれば、5000ドルという価格の260Zも、1970年に3500ドルだった240Zとコストパフォーマンスの点ではほとんど変わらない。動力性能と快適性、スポーツ性を見事に調和させた260Zは、再び世界でも指折りのスポーツGTのひとつとして評価される」

新しい排ガス規制に対応するために、他の多くの車が軒並み1973年モデルに比べて大幅なパワーダウンを強いられていたが、ダットサン260Zは、171ccの排気量アップ、エグゾーストバルブの大径化、トランジスター式点火システムの採用などによって前年の240Zとほぼ同等な性能を保っていた。

車両重量は前モデルより約90kgも増えた。新型バンパーがかなりの重さを占めていたほか、エアコン／換気／暖房装置が工場組み込みになったことも影響していた。重量増に伴い、サスペンションのスプリングレートも高められた。また、これまで大部分の仕向け地で標準だったリアのスタビライザーが、アメリカ仕様でも採用となった。

ギアボックスは4段マニュアル（F4W71B型）あるいは3段オートマチック（3N71B型）が選べた。タイヤは175HR14だった。2シーターの260Zは5289ドル、2+2モデルは6089ドルで販売され、オートマチック仕様は275ドル増しであった。2シーターモデルは自動車雑誌のテストで113mph（約182km/h）を記録した。

『Car & Driver』1974年4月号の記事にはこう書かれている。「ダットサンは、同じスポーツ／GTカーをこれ以上売り続けるつもりはないようだ。4年間にわたって大人気を博した240Zも、近頃では納車待ちもなく、実売価格がかなり値引きされている地域もあると聞く。ダットサンはそうした兆候を敏感に感じ取り、遂にモデルチェンジに踏み切った。その結果、1974年モデルのZカーには、260という新しい数字が与えられた。彼らは、アメリカの安全基準と排ガス規制の強化によって失われる以上のパワーを、Zに与えようとしている。そう、再び長い納車待ちの列を作ろうとしているのだ」

「今回は、1970年の3526ドルほどのバーゲン価格ではないものの、その後もZカーの強力なライバルは現われていない。それどころか、今年はオペルGTとトライアンフGT6が姿を消し、対抗勢力は減りつつある。残っているのはアルファGTV、ジェンセン・ヒーレー、ポルシェ914だが、メカニズムの点において、ダットサン・ディーラーでスポーツカーを求める顧客を引き止めるまでには至らない。キーポイントは額面価格だ。260Zはライバルよりも安い価格で大きな排気量を提供している」

日本国内モデルと同様、他の市場向けの260Zも、テールランプのデザインが変わり、リアパネルが艶消し仕上げとなった。『Road & Track』は年々厳しくなっていったアメリカの排ガス規制が、Zカーの性能にどのような影響を及ぼしたか興味深い比較を行なっている。

初代240Zは0－60mphが8.7秒、0－400mが17.1秒であったが、1973年の前期モデルでは、前者の記録が10秒をオーバーし、後者が0.6秒遅れの17.7秒となっていた。さらに1973年の後期モデルになると、それぞれ11.9秒と、18.6秒という数値にまで落ちていた。

ところが、2.6ℓエンジンを得て、Zは再び性能を取り返し、2シーターモデルは、0－60mphに10秒ちょうどで到達し、0－400mを17.9秒で走った。重量のある2+2モデルの、しかもオートマチック仕様車では、それぞれ12.2秒と、19.2秒であった。

『Road & Track』1974年5月号によれば、2+2はスキッド・テストにおいて多少評点を落とし、制動距離も若干延びたが（重量増に起因）、スラローム・テストではわずかながら速いタイムを記録したという。さらに乗り心地に優れ、高速安定性の点においても240Zより、はるかに高い評価を得た。ただし、直進安定性の点では劣った。

260Zはそもそも240Zとは異なるバンパーを備えていたが、さらに1974½年モデル（1974年9月1日以降に生産）から、のちの280スタイルのバンパーに変わった。これは、バンパーの両端に大きなゴムのカバーが付く

右：1974年5月から発売されたアメリカ仕様の260Z 2+2。"2 by 2"は輸出向けでは"2+2"と呼ばれた。真横から見ると、ホイールベースの延長とともにボディが引き延ばされ、ルーフラインが変わった様子が一目瞭然である。

右下：ドイツ仕様の260Z 2+2のカタログ。このカタログにはサファリ・ラリーやモンテカルロ・ラリーにおけるZの活躍が写真と共に掲載され、スポーツカーとしてのイメージをより強調していた。

もので、同時にウィンカーも拡大されたグリルの開口部に移った。

260Zは、280Zが登場する1975年3月までアメリカで販売された。最終的な価格は、2シーターが5665ドル、2+2が6465ドルであった。他の市場とは対照的に、アメリカでは2+2の占める割合が当初23％だったのが、最後にはおよそ3台に1台という比率にまで増えた。

ヨーロッパにおける260Z

『MotorSport』1974年4月号では、260Zの2シーターモデルについて次のように述べている。「アグレッシブで魅力的なスタイル、125mph（200km/h）のトップスピード、OHC直列6気筒、5段ギアボックス、4輪独立懸架、素晴らしいハンドリング、そして卓越した信頼性。こうした特長を武器に、ダットサン240Zは世界のベストセラー・スポーツカーとなった。これは、ライバルたるイギリス車勢がいずれも1950年代に設計されたものだという事実から判断すれば、当然の結果といえるだろう。そして初登場から5年後、240Zは同じボディシェルにさらにエキサイティングなパッケージを詰め込んで、260Zに生まれ変わった」

「この最新のスポーティなダットサンは、運転にこのうえなく満足できるクルマだ。2895ポンドという価格設定によって、260Zはポルシェやフェラーリ・ディーノより下のクラスで、ダントツのスポーツカーといえる」

イギリスに第1号車が到着したのは1974

フルリクライニングするシートデザインは国内モデルと同様。左ハンドル仕様もサイドブレーキは右ハンドル仕様と同じくコンソール右側に位置する。

ステアリング中央にホーンボタンを兼ねた大型のクラッシュパッドが付く。シフトノブは形状、材質とも日本仕様とは異なる。

年1月のことである。ヨーロッパ仕様はアメリカ仕様（カリフォルニア向けを除く）と同じ出力とトルクを備えると発表されたが、最終減速比が3.7：1（アメリカ仕様は3.9：1）だったほか、5段ギアボックスのギア比も若干異なっていた。

『Motor』は1974年に2シーターモデルのテストを行ない、260Zは240Zよりも遅くなったと報告している。さらに燃費は25％悪化し、またストロークの延長と吸気系の見直しを受けた割には、L26型エンジンの性能は上がっていないと指摘する。「最高出力を5600rpmで発揮するのに、タコメーターのレッドゾーンは7000rpmから刻まれている。6000rpmからパワーは急激に低下する。いずれにしても、その回転域ではエンジンノイズと振動がひどいため、たいていのオーナーならそこまで回す気にならないだろう」

テストスタッフはトランスミッションにも満足を示さなかったが、「クラッチを軽く踏み、レバーを素早く引き、スロットルを全開にするのはまさに喜びそのものだ」 ステアリングについては、「レスポンスに優れ、フィールも良いが、重い。キックバックもかなりある」と述べている。

室内の遮音性が悪いという指摘があり、またテストに使われた車の仕上げは"並み"と見なされたが、変更のあった内装については配慮の行き届いた装備が評価された。暖房／換気装置はおおむね合格だった。最高速度は127mph（204km/h）、0-60mphは8.8秒を記録した。しかし、イギリスにおいて2430ポンドという価格の260Zは、コストパフォーマンスの点では、ライバルに対して大きな差をつけることはできなかった。

よくあることだが、ロードテストの評価は担当者によっても異なる。ジョン・ボルスターは『Autosport』1974年4月号で、こう語っている。「5段ギアボックスは、操作が軽く、レシオもクロースしており、素晴らしい。4速と5速ギアはかなり低回転からでも使えるから、排気量拡大によって前モデルよりも燃費が向上するかもしれない。新しいギア比はまさに的確な設定である」 彼の行なったテストでは、最高速度は127mphと同じだったが、0-60mphは8.2秒と好結果を記録した。にもかかわらず、パワーユニットについては「新型エンジンは平凡で、失望した」と酷評している。

『MotorSport』は5段ギアボックスについては上記と同様に評価し、さらにこう付け加えている。「240Zに詳しい人なら、このニューモデルが5.5J×14のホイールに、これまでの175より幅が広くロープロファイルのブリヂストン製195/70を履いている点に気づくはずだ。そのおかげでロードホールディングが著しく向上し、また車高が低く見える」

「高速コーナーでのスタビリティは実に見事だ。ロールやピッチングも減り、240Zならコーナー途中にバンプがあると外側のフロントが暴れ出したのが、260Zではほとんど見られない。限界まで攻め立てても、挙動が予期しやすく、オーバーステアへの移行もゆるやかだ。ただ、ブリヂストンのラジアルは何の前触れもなく、いきなりグリップが失われる。ウェットでもロードホールディングに優れる良いタイヤなのだが……」

「トラクションも素晴らしい。リアサスペンションはタイヤ幅拡大のメリットを活かし、フロントサスペンションとステアリングの動きは正確で、応答性に優れるが、240Zのデビュー当時から指摘されているバンプステアが解消されていない。それがとても残念だ」

「240では4000rpmから下はスムーズに回らなかったが、260のエンジンはほぼ全回転域にわたって滑らかに回る。フレキシビリティもあり、5速で30km/hから加速することさえ可能だ」

そのほか、背の高いバックレストはリクライニング機構がなく、スロットルペダルは、配置こそヒールアンドトウが可能だったが、動きが軽すぎて低速での市街地走行では敏感で扱いづらいという指摘もあった。内装には難燃性の素材が使われ、ダッシュ中央のエア吹き出し口が大きくなり、ふたつに分かれた。ステアリングとシフトノブは、ビニール巻きとなった。ヨーロッパ仕様のZカーは、これまで同様、黒一色の内装だった。

2+2モデルは1974年5月に登場した。価格は3499ポンドである。『Autocar』のテストでは、最高速度：120mph（193km/h）と、0-60mph：9.9秒、0-400m：17.3秒を記録。燃料消費は23.9mpg（8.46km/ℓ）であった。1975年4月から2+2にはアルミホイールが標準装備となった。

右：アメリカ市場のみで販売されたダットサン280Z 2+2。アメリカにおける安全意識の高まりに対応し、前後のバンパーは大型化されている。全長はこの2+2で260Z（アメリカ仕様）に比べて100mm延長され4705mmとなった。

右下：1978モデルイヤーのカタログ。5マイル・バンパーと呼ばれた衝撃吸収バンパーには、図のようにダンパーが装着されている。これらの部品により280Zの重量は増大した。

280Z

カリフォルニア州向けモデルのL26型エンジンは、すでに同州の厳しい排ガス規制に対応していたが、結果的に大幅な性能ダウンを余儀なくされていた。1975年からさらにその強化が予定され、アメリカを最大のマーケットとするZカーは、カリフォルニア仕様に関わる問題を一挙に解決する手段に出た。それが280Zである。

280Zは1975年3月からカリフォルニア以外の州も含む全米で販売されたが、他の国への輸出は行なわれなかった。その名前から明らかなように、エンジン排気量が、今回はボアアップ（86mm）によって2.8ℓ（2754cc）に増やされていた。このエンジンで特筆されるのは、排気量ではなく、フューエルインジェクションの採用である。それによって、280は「格段に運転しやすく」（『Motor Trend』）なり、燃費も向上した。

このインジェクション装置は、基本的には独ボッシュ社のLジェトロニックと同じもので、日産とヂーゼル機器、ボッシュの3社による合弁会社が生産した。エンジン本体では、圧縮比の引き下げ（8.3：1）と、燃焼室形状の変更およびバルブとポートの大径化などが行なわれた。カリフォルニア仕様車は触媒コンバーターを備え、助手席（左ハンドル車）前方のフロアパンにはそれを避けるためのこぶができた。出力は168bhp、トルクは175lb-ftであった（24.1kg-m）。

ギアボックスの各ギア比は小さくされ、最終減速比も3.55：1となった。重量増に対処す

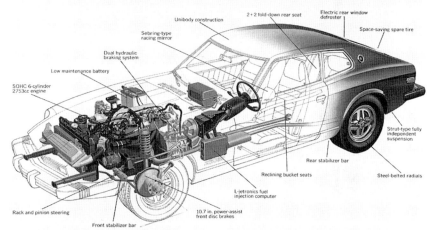

ステアリングはスポーティーな黒色地を採用。Zの文字の入ったホーンパッドも日本仕様とほぼ同様。カセットステレオ等はディーラーオプションとして用意されていた。

直列6気筒SOHC 2753ccのエンジンから発生する大トルクを伝えるトランスミッションは標準4段であった。写真の5段マニュアルや3段オートマチックはオプションとして設定されていた。

ダットサンZ輸出モデル主要諸元

車名 型式	Datsun 240Z アメリカ仕様 HLS30	Datsun 240Z ヨーロッパ仕様 HS30(右ハンドル)/HLS30(左)	Datsun 260Z/260Z 2+2 アメリカ仕様 RLS30(2シーター)/GRLS30(2+2)	Datsun 260Z/260Z 2+2 ヨーロッパ仕様 RS30(右ハンドル、2シーター)/GRS30(右、2+2)/RLS30(左、2シーター)/GRLS30(左、2+2)	Datsun 280Z/280Z 2+2 アメリカ仕様 HLS30(2シーター)/GHLS30(2+2)
モデルイヤー	1970〜1973	1971〜1973	1974〜1975	1974〜1978	1975〜1978
エンジン型式	L24(6気筒2.4ℓ)	L24(6気筒2.4ℓ)	L26(6気筒2.6ℓ)	L26(6気筒2.6ℓ)	L28(6気筒2.8ℓ)
最高出力(bhp/rpm)	151/5600	151/5600	162/5600	162/5600	168/5600
最大トルク(lb-ft/rpm)	146(20.1)/4400	146(20.1)/4400	152(21.0)/4400	152(21.0)/4400	175(24.1)/4400
変速機	4段マニュアル(1971年から3段オートマチックがオプション)	5段マニュアル(3段オートマチックがオプション)	4段マニュアル(3段オートマチックがオプション)	5段マニュアル(3段オートマチックがオプション)	4段マニュアル(3段オートマチックがオプション)
ホイールベース(mm)	2305	2305	2305	2305(2シーター)/2605(2+2)	2305(2シーター)/2605(2+2)
全長(mm)	4295	4115	4295	4115(2シーター)/4425(2+2)	4395(2シーター)/4705(2+2)
全幅(mm)	1630	1630	1630	1630(2シーター)/1650(2+2)	1630(2シーター)/1650(2+2)
全高(mm)	1285	1285	1285	1285(2シーター)/1290(2+2)	1285(2シーター)/1290(2+2)
トレッド前(mm)	1355	1355	1355	1355	1355
トレッド後(mm)	1345	1345	1345	1345	1345
車重(mm)	1040	1040	1090	1010(2シーター)/1130(2+2)	1175(2シーター)/1250(2+2)
備考	オートマチック車は車重25kg増。	オートマチック車は車重25kg増。オプションのオーバーライダー装着車は全長70mm増。	カリフォルニア仕様は出力139bhp、トルク137lb-ft。オートマチック車は車重25kg増。後期型バンパー装着車は全長100mm増。	オートマチック車は車重25kg増。オプションのオーバーライダー装着車は全長70mm増。	オートマチック車は車重25kg増。後期型バンパー装着車は全長5mm増。1977年から5段マニュアルトランスミッションがオプション。

※最大トルクの( )内はkg-mへの換算値。

るために、サスペンションを硬く、フロントストラットを大きくした。タイヤは175に代わって195/70HR14(トーヨータイヤ製)を履いた。

センタートンネルとタイヤハウスは、これまでのビニールからカーペット張りとなるなど、ほかにもいくつかの細かい変更があった。燃料タンク容量は60ℓから65ℓに増えたが、燃料消費そのものも、インジェクションの採用によって少なくなった。手動式チョークは廃止された。

この排気量アップによって、Zは排ガス対策による大幅なパフォーマンス低下を免れた。最高速度は117mph(188km/h)、0−60mphは8.3秒であった(『Car & Driver』)。しかし価格は、これまでよりもはるかに高くなり、為替レート1ドル=約300円で、2シーターが6284ドル、2+2が7084ドルという値付けがされた。

重量も大幅に増え、240Z時代に軽くて正確だと評されたステアリングも、重く、鈍くなった(太いタイヤもその要因のひとつだった)。ブレーキも、重量増に追いついていなかった。『Car & Driver』1975年6月号のレポートは280Zについて次のように書いている。「駐車時は、ステアリングホイールがまるで溶接されたかのように感じられ、タイトコーナーでは、ステアリングが元に戻ろうとする力に腕が負けそうになる。もっとも、この重いステアリングは、時とともに移り変わるZカーの個性の象徴といえよう。かつて繊細で、上品さを備えていたこのクルマも(日本ではフェアレディと呼ばれている)、今ではかなりのマッチョと化している。紛れもない重低音のエグゾーストノートといい、重いステアリングやブレーキ操作といい、より男性向きのクルマに仕上がっている」

280というバッジがなければ、260と280とをひと目で見分けるのは難しかった。それは、外観以外の点でも同じだったようだ。『Motor Trend』はこう述べている。「280は、前モデルの260と同様、非常にニュートラルに近く、スロットル操作次第でわずかなオーバーステアに持ち込むこともできる」

280Zは全体的に好ましい評価を受け、『Road & Track』の"変わりゆく世界に向けたベストカー10台"という企画では、280Zが5500〜8000ドル・クラスの"ベスト・スポーツGT"に選ばれた。

1976年モデル(1975年10月以降)には、これまでのアンメーターに代わってボルトメーターが付いた。それ以外はほとんど同じだったが、価格は再び上がって、2シーターが6594ドル、2+2が7394ドルとなった。

1977年には、新しい"マグ"デザインのホイールカバーが付き、また、オプションとしてまったく新しい5段マニュアルギアボックスが用意された。そのほかにも、スペースセーバータイヤの採用、ボンネットのルーバー設置、バンパーのスタイル変更など、計18カ所のマイナーチェンジが行なわれた。

エンジンにも手が入り、出力は170bhp、トルクは177lb-ft(24.4kg-m)へと増加した。しかし重量も増え、2シーターで1195kg(2+2はプラス110kg)近くにまで達した。価格も上がり、2シーターで6999ドルとなった。

260Zのカナダ／オーストラリアでの販売台数

年	モデル	カナダ	オーストラリア
1974	2シーター	1,370	442
	2+2	766	599
1975	2シーター	1,153	198
	2+2	329	742
1976	2シーター	876	385
	2+2	351	1,615
1977	2シーター	1,005	98

新しい5段マニュアルギアボックスに関して『Car & Driver』1977年10月号は、最終減速比は同じままであるから、あまり意味がないと述べている。この時のテストは2+2モデルで行なわれ、最高速は108mph（174km/h）に留まったが、後に2シーターで121mph（195km/h）を記録した。280Z 2+2はすでに標準仕様でさえ8314ドルという高額の車になっていたが、評価は悪くなかった。「ダッシュボードには必要な計器類がすべて備わる。ベンチレーションも申し分ない。195/70HR14というタイヤを履くが、乗り心地は初期の240Zよりもはるかに快適だ。ドライバー用のフットレストもあるし、ラジオの性能さえいい」

1978年モデルから、AM/FMラジオが標準となった。再び車両価格は一挙に1000ドル近く上昇し、最終的に2シーターが8878ドルとなり2+2モデルに至っては1万328ドルというプライスが付いた。"ブラック・パール"というアメリカのみの特別仕様が販売されたが、これは2シーターモデルのみだった。また、レーシングタイプのバックミラーと、リアのサンシェードが標準となった。

クルマの性格の変化ともに、顧客層も変わりつつあった。280Zではオートマチック・トランスミッションを選ぶ人が増えた。1977年のある雑誌には、ダットサンがパワーステアリングをテスト中という記事もあった。ライバル車がいくつも現われたことで、Zカーはさらに上級市場へと移らざるを得なかった。

アメリカでの販売は、石油危機や車両価格の上昇にもかかわらず、相変わらず好調だった。販売台数は1974年が4万5160台（260Z）、260Zと280Zが併売された翌年には合わせて5万213台、76年は5万4838台（280Z）と、毎年5000台近い伸びを見せた。1977年には一挙に6万9516台にまで増えたが、翌78年には6万4459台（初期280ZXを含む）とやや減少した。この間、2+2モデルが最も多かったのは1976年だったが、それでも全体の28％にしかすぎなかった。

余談ながら、1977年にアメリカ日産社長の片山豊は東京に呼び戻された。片山は非常に素晴らしい業績を残し、ダットサンのみならず、日本の自動車産業全体に対して大きな貢献をもたらした（国内ではほとんど評価されていないが）。アメリカでは、多くの人が"ミスターK"がいなくなってしまったことを惜しんだ。

ヨーロッパでの販売動向

アメリカでのZの売れ行きが依然好調だった頃、ヨーロッパでの販売はもろに石油危機の影響を被っていた。1975年、イギリス、ドイツ、フランス、オランダの各市場を合わせたZの販売台数は、600台にも満たなかった。1976年1月の時点におけるイギリスでの価格は、2シーターが2964ポンド（付加価値税込みでは3468ポンド）、2+2モデルが3845ポンド（同4499）である。いっぽう、フォード・カプリ3000Sはたったの2179ポンド（同2549）だった。

このような状況ゆえ、ヨーロッパではZカーの販売を2+2モデルのみに限るという決定が下された。1976年2月、260Zの2シーターは販売中止となった。ラジオ／カセットデッキ（電動アンテナ付き）が標準装備に加わり、内装が布張りに代わった（1977年には黒のコーデュロイに）。そして、1977モデルイヤーの280Zと同じリアストラットと燃料タンク、3.55：1のファイナルドライブ、および新型の5段マニュアルギアボックスが付き、6.5J×14のアルミホイールと195/70VR14タイヤを履いた。1977年3月から2シーターの260Zがヨーロッパ再び輸入されるようになり、今度はアルミホイールが標準となった。

『Autosport』によれば、この260Zの2シーターは「オールマイティーに使える魅力的なクルマ」だという。しかし、すでにポルシェ924という強力なライバルも現われていた。価格は260Z 2+2より500ポンド高かったが、924はそれを上回る動力性能を発揮し、完璧に近いハンドリングを示し、燃費にも優れていた。同誌のテストによる260Z（2シーター）の記録は、最高速度：115mph（185km/h）、0－60mph：10.1秒がやっとだった。

イギリスで販売された260Zの数は2645台で、そのうちの899台が2シーター、残りが2+2モデルであった（販売のピークは1978年）。カナダおよびオーストラリアでの販売台数は別掲の表の通りである。

いっぽうヨーロッパ大陸における260Zの販売台数は、1974年～77年の間の合計で、ドイツ1371台、フランス431台、オランダ228台などで、その大半を2+2モデルが占めた。

上：日産ノースアメリカが限定でレストア・販売した240Z。
右（2点）：1999年のデトロイト・ショーで披露されたニューZのプロトタイプ。

伝説

アンドルー・ホワイトは、かつてこう述べている。「Zシリーズは、1969年から78年にかけて50万台以上が生産され、販売台数の点で世界一のスポーツカーとなった。1970年代の石油危機と、その後の世界的な不況のさなか、日産は会社として発展を遂げ、様々な技術開発を推し進めてきた。それははまさに、日本の産業の底力を示すものだ」

実際のところ、主としてZカーの成功によって、日産は驚くべき勢いで発展を続けていた。1971年3月に新しい栃木工場が完成した。累積の生産台数は1972年9月に1000万台を突破し、75年6月には国内販売台数もその数字に達した。その2年後、九州工場が新設され、1977年7月には生産台数の累計が2000万台に達した。

S30型フェアレディZ（すべての輸出仕様を含む）」の販売台数はトータルで53万1601台を数えた。これはMGBを1万9391台上回り、Zはそれまでで最も売れたスポーツカーとなった。生産期間の終わり頃には、高価なポルシェ924以外にも、Zよりも安価なトライアンフやアルファ・ロメオ、マツダなどといったライバルが現われた。もちろん、TR7/TR8はどうにか11万5000台に達しただけで、アルフェッタGTVは10万台に至らなかった。初代RX-7は7年間で50万台の大台を超えたが。

Zカーはアメリカにおいて様々な形で広告宣伝にも使われた――モンローやコニ（ショックアブソーバー）、ヴェラ（ディスクパッド）、ゼネラル・タイヤ、その他レース部品メーカーなど。アメリカ人はZが大好きだった。1978年7月に、ラリー・グリフィンはこう述べている。「コルベットやチェッカーキャブ（タクシー）を除いて、アメリカの道路で最もひと目でそれとわかるクルマは、280Zだった」

現在、ダットサンZはアメリカでもヨーロッパでも、愛好家の間で根強い人気を保っている。1997年5月、第5世代目のZカーが日本国内のみの販売となるというニュースが伝わると、日産ノースアメリカは240Zを限定でレストアして販売する決定を下した。

このプロジェクトでは、専門家がコンディションの良いベース車を選び、ボディからすべてのパーツを取り外し、ボディを完全に補修し、各パーツはオーバーホールあるいは新品に交換されて再び組み立てられた。200台がレストアされている。現地での価格は2万5000ドルである。

1999年のデトロイト・ショーで、ニューZのプロトタイプがデビューした。そのスタイリングは完全なレトロではなかったが、初代モデルの面影を持つものであった。今のところ、発売に関する具体的な発表はなされておらず、この新しいZが実際に世に送り出されるかどうかはわからない。アメリカ日産はこのような車の投入によって、アメリカにおける日産のイメージと市場シェアを回復させようと考えているが、日本では依然スポーツカーの販売は思わしくない。我々ファンとしては、今後数年の開発の動向を黙って見守るしかない。世界中にいる大勢の熱心なファンのおかげで、Zカーの伝説は今も語り継がれている……。

海外におけるZのコンペティション活動 VI
The Z in Overseas Competition

ブライアン・ロング ── 英国人モーター・ジャーナリスト
Brian Long

訳：小川 文夫

海外ラリー

昔から日本の自動車産業界は、長距離ラリーが車の販売と開発の両面において果たす重要な役割を理解していた。日産が初めて海外のラリーに参加したのは、1958年の「モービルガス・トライアル」である。これは日数にして約19日間、距離にして約10,000マイル（16,000km）にわたってオーストラリアを一周する非常に過酷なラリーだったが、エントリーした2台のダットサン210のうち、難波靖治／奥山一明組が見事クラス優勝を果たすことができた。

日産がサファリ・ラリーへの挑戦を始めたのは5年後の1963年からで、この年はブルーバード310とセドリック（G31）を走らせた。以来、日産のワークスチームは毎年サファリを訪れるようになったが、ブルーバード510が登場するまで、目立った成績はない。

サファリと並んで国際的に有名なモンテカルロ・ラリーへは1965年が初参加である。こちらには1967年と68年にフェアレディ2000をそれぞれ2台エントリーさせている。成績は1967年が総合9位と71位、翌年が2台とも失格であった。

サファリでは参戦7年目の1969年、4台の510がクラス上位を独占して日産は初めてチーム優勝の栄誉を手に入れた。しかも、最上位のマシーンは総合でも3位に食い込む健闘を見せた。

翌1970年のサファリでは、遂にブルーバード1600SSS（エドガー・ヘルマン／コ・ドライバーのハンス・シューラー組）が念願の総合優勝を獲得した。総合2位、4位、7位にも入賞を果たしたことで、2度目のチーム優勝も楽々と手中に収めた。この年のサファリでは例年以上に激しい戦いが繰り広げられ、実に72台ものリタイアが出た。1966～68年にかけて3年連続で優勝したプジョーでさえ、3位に割り込むのがやっとだった。それは経験を積んで有能なマネジャーとなった難波が率いるダットサンチームの圧勝であった。

初めての勝利を味わった日産は、以後もサファリを舞台に活動を続けることになる。そしてこの時点で、すでにさらなる飛躍への準備、すなわち最新のワークス・ラリーカー240Zの開発に着手していた。

1970年のサファリ・ラリーで念願の総合優勝を果たしたブルーバード1600SSS。

1600SSSは1969年のRAC（Royal Automobile Club）ラリーでも日産にチーム優勝をもたらしていたが、その時に8位でゴールしていたのがラウノ・アールトネンである。彼はそれまでBMCで主にミニに乗って活躍していたが、そのワークスチーム解散に伴い、ダットサンに移っていた。ヨーロッパ・チャンピオンで、モンテカルロ・ラリー（1967年）での優勝経験を持つアールトネンは、国際的なラリーシーンに殴り込みをかけようとする日産にとって、またとないトップラリーストであった。

ラリー仕様の240Zの開発とホモロゲーション取得の作業には、若林隆と小室等があたった。若林は1963年、64年、そして68年のサファリ・ラリーにワークスドライバーとして参加し、以後は難波の下でラリーマネジャーを務めていた。彼らは1971年シーズンのデビューを目指し、プロジェクトに全力を挙げて取り組んだ。

プロトタイプのテスト

1970年のモンテカルロ・ラリーが終わった1週間後、ラリー向け240Zのプロトタイプが南フランスに運ばれ、アールトネンがテストを行なった。彼は初めてその新型車を目にした時の感想をこう語っている。「ミスター・コムロに促されるまま、私はシートに収まってイグニッションキーを回した。わずかに青い煙を吐き出してから、6気筒エンジンはしっかりと力強い排気音を響かせた。走らせてしばらくの間はぎこちない動きで、重く大きすぎると感じたが、数時間もすると私はその赤いクルマに惚れ込んでいた」

またダットサンチームは、もうひとりのテストドライバーを確保していた。ベテランのイギリス人ラリースト、トニー・フォールである。フォールは1969年のサファリ・ラリーの最中に日産の関係者と会い、競技終了後に車を見る約束を交わした。不運にも早々とリタイアしてしまったフォールの許に、翌朝早く彼らが訪れた。型どおりの挨拶が済むと、彼はニースに連れて行かれた。「裏通りにある、みすぼらしい小さなガレージに着くと、彼らはクルマからカバーを外した。その瞬間、私は衝撃を覚えた……」

車両実験課（モータースポーツ部門が設立されるまで日産の競技活動を担当していた）から来た日本人エンジニアはこう言った。「このクルマが私たちの来年の競技マシーンとなります」　もう少しモダンな車を想像していたフォールは、その姿を見てヒーレーを流線型にしたような車だと、素直な感想を漏らした。とはいえ、彼はテストを手伝うことを承諾した。

アールトネンはモンテカルロ・ラリーのコース全般にわたるテストを担当し、フォールにはアルプス山脈の様々な山岳ステージでのテストが任された。フォールからはステアリングが重すぎる点と、キックバックが大きすぎるという指摘があった。ほかにも、アンダーステアがひどく、ハンドブレーキはすぐにケーブルが伸びて使い物にならなくなったというクレームが出た。

彼はのちにこう語っている。「最初のクルマはひどい代物だった。車重がありすぎたし、至るところで飛び跳ねていた」　実のところ、ペーユというステージで行なわれた最後のテストでは、マシーンは大きくスライドし、山肌にぶつかっている。コ・ドライバーを務めた日本人エンジニアはシートから激しく持ち上げられ、ヘルメットがルーフにめり込んだほどだった。幸いにも必要なデータはすべて収集が終わっていた。そして、フォールのワークスチーム入りが決まった。

1970年RACラリー

マシーンの準備が完了し、予想よりも早くホモロゲーション取得が済むと、5台の240ZがRACラリーの開催地、イギリスに送られた。そのうちの4台は実際にラリーにエントリーし、残る1台のスペアカーは足の速いサポートカーとして使われた。チームを監督するエンジニアたち以外に、二人の日本人メカニックと、オールドウォーキング・サービスステーション社（サリー州にあるダットサン・ディーラー）のスタッフがメンテナンスを担当した。

RACラリーでは、4台の240Zをラウノ・アールトネン／ポール・イースター（登録ナンバー：TKS33 SA695）、エドガー・ヘルマン／ハンス・シューラー（SA694）、トニー・フォール／ジェレイント・フィリィップス（SA697）、そして1969年イギリス・ラリーチャンピオンのジョン・ブロクサムとコ・ドライバーのノーマン・ソールト（SA696）が走ら

上：1970年のRACラリーで7位に入ったアールトネン／イースター組のマシーンの後部荷室。
右：同上のマシーン。ラリー仕様の240ZのボディはZ432Rのものと非常によく似ている。

せた。

　いずれのマシーンも車高の高い"ラフロード"バージョンで(これはサファリでも使われた)、車高の低いモンテカルロ向けとは異なる。240Zはラフロードの走破性がひときわ高く、ほとんどのライバル車よりも30％以上優っていた。のちにジェレイント・フィリップスが『MotorSport』に語ったところでは、凹凸の激しい道でも180km/h近い速度を維持できたという。

　ラリー仕様車のサスペンションにはそもそも生産モデルと比べ大きな違いがあったが、さらにストラットマウントのネジ穴をもう1組設けてジオメトリーが調整可能になっていた。5段ギアボックスには特別なレシオのギアが組み込まれ、またリミテッドスリップ・デフを装着。ボディには通常より肉厚の薄い鋼板が使われていたが、競技中に受ける激しい負荷を考慮して、シャシーの主要部分やサスペンション取り付け部には補強が施されていた。一連のテスト以後、大幅な改良を加えられたマシーンは、トニー・フォールによれば「初期のテストカーに比べると雲泥の差があった」という。

　さてラリーの方はどうなったかというと、まずフォールは上位を走っていたが、第1日目の夜にオヴェ・アンダーソンが乗るルノー・アルピーヌのスピンに巻き込まれてしまう。その後、再スタートできたのもつかの間、次のステージで今度はデフの破損により敢えなくリタイアとなった。本来、ラリー仕様の240Zにはリアアクスル用のオイルクーラーが備わっていたが、イギリスの寒い気候を考慮して日本人エンジニアがそれを取り外していた。実際にはデフがオーバーヒートを起こし、最終的にクラウンギア固定ボルトのネジロック剤が溶けて、ボルトがゆるんでしまったのである。

　アールトネンのマシーンはドライブシャフトが折れ、それがさらにブレーキラインに損傷を与えた。彼はどうにか次のサービスポイントまでたどり着いたものの、今度はトニー・フォールと同様なデフのトラブルに見舞われた。だが彼はそのユニットを交換して無事完走することができ、彼は3つのステージで最速タイムを記録、総合7位という成績を残した。結局、最後まで走りきったのは彼のマシーンだけで、残りの3台はいずれもデフ・トラブルが原因で早々にリタイアしていた。ちなみに総合優勝を飾ったのは、ハリー・カールストロームが乗ったランチア・フルビアであった。

　このイベントこそ、240Zの国際的なラリーの初舞台であり、チームは多くの貴重な教訓を得た。思いがけない収穫だったのは、この車が熱狂的なイギリス人観衆の間で手堅い人気を博したことである。ドライバーたちが豪快に操る車と、その発するエグゾーストサウンドは人々を興奮させた。そしてチームクルーは、報道陣から「きわめて腕利きの集団」と評された。

　車に対する評価として、『MotorSport』は次のように述べている。「コンセプト自体はやや古くさいもので、2.4ℓ直列6気筒エンジンをフロントに積むリアドライブ車である。ハンドリングは多少"ビッグ・ヒーレー"に似ている」

　日産はこの車を"ほぼスタンダード"と形容していたが、実際には3基のツインチョーク・ソレックス・キャブレター、特別なカムシャフト、クロースレシオ・ギアを組んだギアボックス、4.87：1のファイナルギア、そしてリミテッドスリップ・デフを備えていた。そのほか、ステアリングギア比は明らかにノーマルより小さかったし、FIAグループ3の規定により軽量化が許されるドアとボンネット、そしてリアハッチはグラスファイバー製に換えられていた(240Zはグループ3のホモロゲーションを取得：FIA承認ナンバー3023)。リアおよびサイドウィンドーはパースペックス(透明アクリル樹脂)製で、さらに一般的なラリー装備、つまりボディの強化

1971年のモンテカルロ・ラリーを走るトニー・フォール／マイク・ウッド組の240Z。結果は10位であった。

や、アンダーガード、ロールケージなどが追加されていた。2本のメガホンパイプが突き出た特製の大口径エグゾーストシステムを装着したエンジンは、レスポンスに優れ、トルクが太く、200psという強大なパワーを発揮した。

『Autocar』のスタッフはラリー終了後、アールトネンのマシーンに試乗する機会に恵まれた。「意外にも、アイドリングは約800rpmで安定している。発進も普通のやり方で大丈夫である。クラッチは極端に重いというほどではなく（もちろんノーマルに比べれば重いが）、エンジンもトルクがあって非常に扱いやすい（5速でも1100rpmから加速する）。スロットルを全開にしてからの体験は、とても独特なものである。けたたましい排気音はエンジンの回転数に比例して増大し、まるでスロットルペダルがボリュームのようだ……」

全走行距離3700kmに及ぶ厳しいRACラリーを走り抜いた後にもかかわらず、ギアボックスは「我々が過去テストした競技マシーンのなかで、最も優れた5段ギアボックスのひとつ」だったという。テスターは次のように締めくくっている。「もし今回の"ホット"バージョンが示したパフォーマンスが、その実力のごく一部だとしたら、我々はこのクルマのイギリスでの市販に大いに期待したい」

1971年モンテカルロ・ラリー

1971年シーズン、ダットサンチームはモンテカルロ、サファリ、そしてRACの3つのラリーに参加を予定していた。1971年のコンストラクターズ選手権のかかったラリーは計9戦あったが、そのうちの上記3戦が国際的な規模で行なわれ、最も注目度が高く、その総合優勝には大きな宣伝効果が期待できた。

最初に訪れたのが1月のモンテカルロである。準備は万全だった。その1カ月前、チームはアールトネンとイースターを招いて日本でテストを行ない、またドナルド・モーリー（元BMCのワークスドライバー）がアイスノート（事前に路面状態をチェックし、記したもの）を作っていた。レッキ（偵察走行）には前回のRACラリーでブロクサムが走らせたマシーンを使った。その車にセンサー類を装着

土煙を上げてコーナーを回る1971年のサファリの覇者、エドガー・ヘルマン／ハンス・シューラー組の240Z。これでダットサンはサファリ・ラリーで2連勝を達成。

して、アールトネンがチュリーニ峠を2週間ほど走り込んでデータを収集し、エンジニアがセッティングに役立てた。

モンテカルロ向けに新たに用意された2台のワークスマシーンは、透明なヘッドライトカバーを備え、地上高を低め（140mm）に設定していた。それが、アールトネン／イースター（SA985）とトニー・フォール／マイク・ウッド（SA986）に委ねられた。そのほか、もう1台の240Z（ヘルマンが前回のRACで乗った車）を南アフリカから参加したヴァン・バーゲン夫妻がエントリーさせたが、この車は早々にリタイアすることになる。

曲がりくねって、かつスピードの出る舗装路の多いここモンテカルロのコースに240Zは不向きで、リアエンジン・リアドライブのポルシェ911やルノー・アルピーヌA110が有利であった。にもかかわらず、アールトネンは2つのステージで最速タイムを叩き出し、総合でも5位という健闘を見せた。フォール／ウッド組は10位でフィニッシュした。優勝はA110に乗るオヴェ・アンダーソンであった。

1971年サファリ・ラリー

4月のサファリでは、プライベートを含めるとダットサン車は合わせて30台ものエントリーを数えたが、その大半は1600SSS（ブルーバード）が占めていた。ワークスの240Zは4台で、そのうちの3台は地上高を上げ（180mm）、補強を追加したうえにサスペンションを硬く設定し、トップスピードを高めた新しいマシーンであった。

その3台にはケニヤ在住のドイツ人、ヘルマンとハンス・シューラーのコンビ（SA1223）、アールトネン／イースター組（SA1226）、そして地元のウガンダ系インド人、シェカール・メータとマイク・ダウティのペア（SA1224）が乗った。このほか、ボブ・ゲリッシュ／ジャック・サイモニアンがスポンサーの支援を受けて、ワークスのプラクティス用マシーン（SA1227）を走らせたが、彼らは序盤でリタイアした。

アールトネンは一時首位を走ったものの、フロントサスペンションのウィッシュボーンを岩に当てて破損し、ポジションを下げ、そ

1971年サファリ・ラリー。現地に構えたガレージでの整備風景。計6台のラリー仕様の240Zが送られ、3台がワークスチーム、1台がプライベートチームからエントリーされ、1台がスペアカー、残る1台が伴走車として使われた。

同上。途中でサービスを受けるアールトネン／イースター組のマシーン。このコンビは一時トップを走ったが、最終的に7位に終わった。

左下：同上。ヘルマン／シューラー組に次いで2位に入賞したシェカール・メータ（左）とマイク・ダウティ。

下：、1971年の東京モーターショーで展示された同年のサファリの優勝車。

上：1971年のRACラリーにエントリーしたワークス240Zのエンジン。

右：雪という予想外の悪条件に見舞われた1971年のRACラリー。4台の240Zのうち、完走できたのはヘルマン／シューラー組（写真の車）と、メータ／ドゥルーズ組の2台だけであった。

の後はタイヤのパンクという不運にも見舞われた。ラリーの半分を過ぎた時点で、ビョルン・ワルデガールドのポルシェ911がトップで、以下2位ヘルマン、3位アールトネン、4位エスコートに乗るミッコラ、5位ポルシェのザサーダ、6位メータという順位だった。各ワークスチームともにスタートから4分の3を過ぎる頃までハイペースで飛ばし続け、その結果として多くの車がメカニカルトラブルのために途中で脱落していた。ポルシェ勢が他のマシーンを退けて上位にのぼった。

しかし、フィニッシュに向けて猛烈なスパートをかけたヘルマンが最終的にトップを奪い返し（基準タイムから217分遅れ）、2年連続でサファリの王者の座についた。泥にはまり込んで遅れをとったメータも、220分で2位に入賞した。3位にはプジョー遣いのバート・シャンクランドが入ったが、345分と大差がついていた。2台の240Zは最終ステージを、実に平均速度190km/h以上で駆け抜けたのである。アールトネンはクラッチとリアサスペンションと、なおもトラブルの続出に泣いたが、何とか完走を果たし7位を獲得、ダットサンに3年連続のチーム優勝をもたらした。

ポルシェ、フォード、プジョー、サーブ、そしてボルボと強豪ワークスチームが勢揃いしたこの年のサファリで、ダットサン勢はすばらしい活躍を見せた。240Zの強みは堅牢さと信頼性であり、それが見事に証明されたラリーだった。100台以上の参加車中、完走できたのはわずか32台だったのである。

1971年RACラリー

この年のRACラリーには、サファリ向けとほぼ同じ仕様の新しいマシーンが3台用意され、アールトネン（SA3643）、フォール（SA3641）、そしてヘルマン（SA3640）にあてがわれた。いずれも日産ヨーロッパによるエントリーである。メータは元ワークスマシーン（SA696、前年にブロクサムが乗って、デフ・トラブルでリタイアした）で、スポンサーからの援助を受けてプライベートとしてエントリーしていた。

「もしドライコンディションで、スピードが出る路面の荒れたイベントであれば、このきわめて有能なチームと、速く耐久性に優れるそのクーペが勝つチャンスは多分にある」と、『Autocar』は予想していた。ところがふたを開けてみると、この年のRACラリーは雪に見舞われ、サーブなどの前輪駆動車に有利な条件となった。アールトネンいわく、「後輪がずるずると滑った」　フォールも果敢に戦ったが、彼を不運が襲った。

フォールはその模様を次のように語った。「全長13kmのステージを下っている時、リアタイヤがパンクしたが、もう半分を過ぎており、そのまま走りきれるはずだった。ところが、長い坂道を下りた先がT字路となっていて、パンクしたタイヤではクルマが私の思い通りに向きを変えてくれなかった」　トニー・フォールの240Zは横転して逆さまに溝に落ち、リタイアとなった。

メータはステアリングホイールに腕をぶつけて骨折し、ヘルマンは寝過ごして火曜日のスタートに遅れ、結局ヘルマン／シューラー組は17位、メータ／ドゥルーズ組は19位に終わり、ダットサン勢は全体に振るわなかった。今回はデフ・トラブルではなく、悪天候や不運に勝利を阻まれた結果となった。総合優勝はサーブに乗るスティグ・ブロムクヴィストの手に渡った。

1971年その他のラリー

正式なワークスチームとしての参戦以外に、日産はチーム所属のドライバーが自分の得意とするイベントにワークスマシーンで出場することを許可した。それゆえ、いくつかのイベントに彼らは元ワークスの車をプライベートで走らせている。

トニー・フォール／マイク・ウッドは前年

左：1972年モンテカルロ・ラリーに臨むダットサンチームの主要メンバー。車の前に立っている人物は左から、ジャン・トッド、ラウノ・アールトネン、難波靖治（チームマネジャー）、トニー・フォール、マイク・ウッド。

下：同じく1972年モンテカルロ・ラリー。アールトネン／トッド組が総合3位に入賞。Zとしてはこれがモンテにおける最高位である。

のRACを走ったマシーン（SA696）で、1971年のスコティッシュ・ラリーとウェールズ・ラリーにエントリーした。前者では首位を走行中にギアボックスの破損でリタイア、後者では見事総合優勝を遂げた。

そのウェールズ・ラリーについて、『Motor』はこう書いている。「このラリーにおいて、ダットサンはその信頼性の高い能力を遺憾なく発揮した」これはヨーロッパの国際的なラリーにおけるZの初勝利であった。

1972年モンテカルロ・ラリー

この年よりFIAの車両規定付則J項によって、軽量ボディパネルやパースペックス製ウィンドーの使用が禁止となり、そのため1972年型のワークス240Zは前年型に比べ重くなった。けれども、さらにパワフルなエンジンを積むことで、それを補っていた。デフがオーバーヒートするトラブルは、より大型のユニットをホモロゲートしたことでかなり改善されたが、今度はパワーアップによって負担が増えたドライブシャフトに破損が多発した。

1月のモンテカルロ向けには、1972年型マシーンが2台製作された。いずれも前年同様、車高が低く、透明なヘッドライトカバーを装着していた。ラウノ・アールトネンが新たにジャン・トッド（現在フェラーリF1チームのマネジャー）とコンビを組み（SA4150）、トニー・フォールは旧知のマイク・ウッドとともに走った（SA4151）。フォールは残念ながらドライブシャフトの破損で29位に終わった。アールトネンは惜しいところで総合2位を逃したものの、3位（クラス2位）でフィニッシュした。勝者はサンドロ・ムナーリが駆るランチア・フルビアだった。

1972年サファリ・ラリー

1972年のサファリでは、フォードがエスコートRS1600を投入し、圧倒的な物量作戦で臨んできた。日産は3台の新しいワークス240Zでこれを迎え撃った。ドライバーはヘルマン（SA4539）、メータ（SA4540）、そしてアールトネン／フォール組（SA4538）である。

ヘルマンはエスコート勢を一時リードしたが、ダットサン・チームはクラッチハウジングへの水漏れや、燃料供給系の不調といったトラブルに終始悩まされた。アールトネンとフォールという二人のトップドライバーのコンビには、中間地点を過ぎた直後にクラッチにトラブルが発生し、その後はアールトネンひとりがステアリングを握ることになった（彼はほとんどクラッチを使わなかった）。

結局、RS1600に乗るハンヌ・ミッコラが優勝し、ヘルマン／シューラー組は5位、アー

1972年サファリ・ラリー。ラウノ・アールトネンとトニー・フォールというトップドライバーのコンビも、クラッチトラブルのために実力を出しきることができなかった。

左：1973年モンテカルロ・ラリー。車検時の様子。

中：同上。アールトネンが走らせたワークス240Zのエンジンルーム。このユニットはフューエルインジェクションを装着している。サスペンションストラットの取り付け部分に被せられた黒いキャップに注目。その下に、調整用に追加した穴が隠されている。

1973年モンテカルロ・ラリーでは、このトニー・フォール／マイク・ウッド組がダットサン勢としては最高位で、優勝したアルピーヌ・ルノーより13分43秒遅れの総合9位（クラスでは7位）に入った。

1973年サファリ・ラリー。メータ／ドゥルーズ組はダットサンチームに通算三つ目の賞杯をもたらした。

ルトネン／フォール組は6位、メータ／ダウティ組は10位という結果に終わった。もちろん、これは日産にとっては不本意な結果だったが、完走がわずか18台という状況を考えれば、決して悪くない成果といえた。

1972年RACラリー

この年のRACラリーでは、アールトネン／イースター（SA7924）、フォール／ウッド（SA7922）、そしてロイ・フィドラー／バリー・ヒューズ（SA7923）、以上の3組がワークスマシーンを走らせた。そのほかに、メータがマーティン・ホームズと組んで、スポンサードを受けた240Zのステアリングを握った。フィドラー／ヒューズ組の車はフューエルインジェクションを備えて245psを発揮した。この年は結局、雪に見舞われた前年に比べてハイスピードで争われることになり、条件的にはZにとって有利であった。

トニー・フォールは第1日目を終えた時点で5番手だったが、3位まで挽回したところで燃料供給系に不良が発生して後退、さらに最終日にはデフのトラブルで時間をロスしてしまう。メータは、タイヤのパンクと、続いて起きたサスペンションアームの破損によってすでに脱落していた。

アールトネンは240Zの中で最上位の成績、11位で競技を終え、フォールは18位に留まった。フィドラーのマシーンはステアリングに損傷を負いながらも、長い距離を走ってゴールまでたどり着くことができた。その結果、クラス順位では1～3位をすべて押さえた。また、マニュファクチュアラーズ・チーム賞でも2位に入ったものの、1位のオペルには大差をつけられていた。総合優勝は、フォードを駆るロジャー・クラークが手中に収めた。

1972年その他のラリー

1972年シーズンはいささか暗い雰囲気のうちに幕を閉じたが、プライベートエントリーに限っていえば、日産にとってそう悪くない1年であった。ポルトガルのモンタナ・ラリー及びケニヤ2000というイベントではプライベートドライバーが優勝したほか、メータはアクロポリス・ラリーで元ワークスマシーンを走らせて6位に入賞している。また、アールトネン（とコ・ドライバーのスティーヴ・ハロラン）はオーストラリアのサザンクロス・

1973年サファリ。勝利に向けて疾走するシェカール・メータ/ロフティ・ドゥルーズ組の240Z。

ラリーにおいて1位でフィニッシュした（しかし、車に貼り付けたスポンサーのロゴが多すぎるという理由で2位に下げられてしまった）。トニー・フォールは、リタイアした前年に引き続き1972年もZでポルトガルのTAPラリーにエントリーし、今度は4位に入賞を果たした。

1973年モンテカルロ・ラリー

フューエルインジェクションは1973年シーズンの前からワークスカーに装着されていたが、オールド・ウォーキング社のチーフメカニック、ロイ・ドーキングスによれば、いつも直前になってキャブレターに戻されていたという。インジェクションは依然実験的なものだと考えられており、日産としてもリスクは冒したくなかった。実際にそれ以前に使用された記録が残っているのは、1972年のRACラリーを走ったフィドラー/ヒューズ組のマシーンのみである。

1973年に入ると、世界ラリー選手権の開幕戦、モンテカルロ・ラリーでアールトネンにフューエルインジェクション装着車が与えられた。アールトネンの語るところによれば、ガプ（イタリアとの国境付近）でジェラール・ラルースに追いついた時、ストレートでは彼のワークス・ポルシェより240Zの方が速かったという。

新しいワークスカーは2台で、ポール・イースターとコンビを組んだアールトネン（SA8512）と、フォール/ウッド組（SA8514）がステアリングを握った。もっとも、後者のマシーンは240psのキャブレター仕様であった。

残念ながら、この年もダットサンチームを不運が襲った。アールトネンは最終日に2位につけていたが、電磁式フューエルポンプの故障で貴重な27分の時間と、確実視されていた2位のポジションを失った。結局、彼は18位でフィニッシュし、フォール/ウッド組は9位に終わった。総合優勝の座は、ルノー・アルピーヌに乗るジャン-クロード・アンドゥルエが手にした。

1973年サファリ・ラリー

もし日産がモンテカルロで不運だったとしたら、ここサファリではまったく逆の出来事が起きた。アールトネンとヘルマンには新しいマシーンが委ねられ、メータは前年のRAC

1973年RACラリー。クリス・スクレイター／マーティン・ホームズ組の240Z。結局、ブレーキトラブルが原因でリタイアとなった。

を走った車（SA7924）でエントリーした。ナビゲーターズシートには、それぞれイースター、シューラー、ロフティ・ドゥルーズが収まった。

必ずしも順調な展開だったわけではないが、結果的に、ダットサン勢はこのイベントを完全に独占した形となった。ヘルマンのマシーン（SA4544）は半分を過ぎてからガスケットの吹き抜けを起こし、アールトネンは競技終盤でトップを走っていてマシーン（TKS33 SU391）を横転させ、メータに首位の座を譲り渡していた。

しかしゴールしてみると、メータと同じダットサン（ただし1800SSS）に乗るハリー・カールストロームも同じペナルティ（失点）でともにトップであった。結局、勝利はペナルティ事項の内容を加味した判定によって、240Zのシェカール・メータ／ロフティ・ドゥルーズの手に渡った。

それはともかくダットサンチームは1、2位を獲得。しかも、3位のプジョーに2時間以上もの差をつけての圧勝であった。もう1台、ワークスからエントリーしたトニー・フォール／マイク・ウッド組の1800SSSは4位、前モデルの1600が9位と10位を占めた。むろん、ダットサンはチーム賞も獲得した。

1973年RACラリー

1973年のRACラリーには、さらに新しい、サファリ仕様よりも軽量だが、モンテ向けよりも強固なマシーンが投入された。エントリーはダットサンUKからであった。ワークスチームにはこの時までにハリー・カールストロームが正式に加わっていた。彼は長年ランチアで活躍してきたスウェーデン人で、いくつか好成績を挙げてきたが、特にRACラリーでは1969年と70年に優勝経験があった。

ところが、そのカールストロームがクラス・ビルスタムと組んで走らせたZは、2.5ℓのインジェクション・エンジンを搭載していたにもかかわらず、14位でゴールするのがやっとだった。この2498ccユニット（Zのホモロゲーション上の限度いっぱい、ボア・ストローク＝84.8×73.7mm）には、クロスフロー型ヘッド（これまではターンフロー型）も組まれていた。出力は255ps／7200rpmといわれていたが、メンテナンスを担当したオールドウォーキング社スタッフの話では、シャシーダイナモ上では280psを記録したこともあるという。

ウェールズを舞台にしたこの戦いで、フォール／ウッド（SU3444）はクラッシュ、クリス・スクレイター／マーティン・ホームズ（SU4081、同じく255psエンジン）はリタイアを喫した。2台ともブレーキトラブルが原因だった。そのほかは、ケヴィン・ヴィデアン／ピーター・ラッシュフォース組がプライベートエントリーの240Zで21位に入っただけで、ダットサン車は上位を独占したフォード・エスコート勢の敵とはなり得なかった。

好成績のサファリの後で、しかもワークス240Zが公式にエントリーした最後のラリーとしては、これはやや期待外れの結果であった。Zが登場した時、ラリーシーンはポルシェ911、ルノー・アルピーヌA110、フォードRS1600といったマシーンが優位を占めていた（その後はランチア・ストラトスが登場する）。1973年シーズンを終え、ルノー・アルピーヌが13ラウンド中6戦に勝って、初の世界選手権を獲得した。

1973年その他のラリー

プライベートとしてメータは元ワークスマシーン（SA7922）でモロッコ・ラリーにエントリーしたが、クラッシュを喫し、車はそのまま見捨てられた。さらにもう1台が同じく彼の手で1000湖ラリーに出たが（SA7923）、オイルポンプの不良でリタイアに終わった。ジョン／キャロル・スミスコル組はプライベートエントリーの240Zで、8月のタンザニア1000に優勝、さらにプレス・オン・リガードレス（アメリカで開催のWRCの1戦）では3位入賞を果たした。

ラリー仕様の240Zはとても速い車で、トラクションも良好だったが、若干車体が長く重すぎた。トニー・フォールはこんな感想を漏らしている。「まったく手なずけにくい獣のよ

アメリカのSCCAレースに、ピート・ブロックやボブ・シャープなどのチームからエントリーして大活躍したフェアレディ2000。写真はピート・ブロック率いるBREチームのマシーン。

うなクルマだ。ブレーキング時やコーナーへ進入する際に、ドライバーが少しでもミスを犯すと、クルマにコントロールを奪われる。いつもドライバーが飼い主でなければならない。油断した瞬間、飼い主に襲いかかろうとする」

1974年以降

ワークス活動に関していえば、1974年には240Zから260Zへとマシーンが交代した。1974年のワークスチームは、ハリー・カールストロームがナンバーワン・ドライバーとなり、TAPラリーでは260Zを5位に導き、翌月のサファリでは4位に入賞した。

石油危機の影響もあって、翌1975年からは(燃料消費に優れる)バイオレットが使われるようになったが、プライベート勢が走らせる240Zは各地の競技に姿を見せ、いくつかの好成績を挙げた。

海外レース：アメリカ

本章の前半で述べたように、ダットサン240Zの海外におけるラリー参戦は基本的にワークスチームの手で行なわれた。いっぽうレースでは、特にアメリカにおいてプライベートチームを中心に数々のレーシングZが生まれ、めざましい活躍を残した。

この国では、元々クラブレースや、いわゆる草レースの類が盛んであった。週末になると身近な場所で手軽にモータースポーツを楽しむ人が多かった。そして、そうしたレースで勝つことがイコール、耐久性や信頼性の証明となり、車の人気を高めることにつながった。

1967年、日産はカリフォルニア州ガーデナにコンペティション部門を設立。エンジンからトランスミッション、ブレーキ、サスペンションまでに至る、あらゆる競技(及び公道走行)用チューニングパーツやアクセサリーの製作・販売を行なったほか、ピート・ブロック(主に西海岸で活動)やボブ・シャープ(同じく東海岸)といった有力プライベーターのレース活動をバックアップした。彼らは主にSCCA (Sports Car Club of America) 主催のレースを舞台にダットサン・スポーツを走らせ、かなりの成功を収めていった。

240Zが登場すると、ピート・ブロックはアメリカに上陸した2番目の、ボブ・シャープは6番目の車をそれぞれ手に入れ、レースマシーンの製作を開始した(後者の車は、当初展示用で、写真撮影中にルーフを凹ませてしまったものだった)。

ブロックによれば、240Zのエンジンはすぐにチューニングによって素晴らしいパワーを発揮するようになったが、ひどい振動に悩まされたという。日本にいる設計者たちはそれに気づいており、改良に取り組んでいたが、彼の率いるBRE (Brock Racing Enterprises) チームでは、ジャガーの6気筒エンジンからダンパーを移植してその問題を解決しようと試みていた。

そのマシーンの初レースはリバーサイドで行なわれたが、件の振動によってクラッチが破損し、BREチームは首位を走りながらリタイアを喫した。このトラブルは2戦目でも解消せず6位に終わり、それ以降はクラッチを改良したが、結局根本的な解決には至らなかった。

けれども、改良された新しいクランクシャフトが到着すると、Zはほとんど無敵ともいえる高い戦闘力を発揮した。BREのエンジンチューナー、アート・オウリは当初265psの出力を引き出すことに成功し、その後さらに40psものパワーアップを達成した。ピート・ブロックやボブ・シャープとしばしば情報交換を行なっていた日本のエンジニアたちは、その数値に驚いていたという。

このBREチームの240Zに乗ったジョン・モートンは、SCCAのプロダクションCクラスで1970年、71年の2連続でチャンピオンとなった。彼は最近のインタビューでこう語っている。「Zカーは四半世紀以上にわたってレースを席巻してきた。1970年にアトランタで

左／左下：SCCAのプロダクションCクラスで1970年と71年、2年連続でチャンピオンの座に輝いたジョン・モートンと、BREチームの240Z。

SCCAのプロダクションCクラスはダットサンZの独壇場で、1970〜73年は240Zが、1974年は260Zが、そして1975〜78年は280Zがそれぞれチャンピオンマシーンとなった。写真は1978年のタイトルを手にしたフランク・レアリーの280Z。

開催のナショナル選手権戦以来、私は数々のレーシングZに乗り、レーサーとしてのキャリアを積んできた。私はそれを誇りに思っている」

BREチームの活動が縮小された1972年からは、ボブ・シャープの240Zが勢力を伸ばし、同年と翌年、プロダクションCクラスのタイトルを獲得した。彼はのちに次のように述べている。「Zで戦い始めた頃、まだあまり知られてないこのクルマで、ポルシェやトライアンフ勢を蹴散らすのが実に快感だった。それは単なるパワーによる勝利ではなかった。耐久性に実績があったはずのイギリス車やドイツ車も、パワーを上げるにつれて、壊れやすくなっていった。だが、Zは元々高い信頼性を備えていた」

1973年、ピート・ブロックは完全にレース活動から手を引いたが、代わりに元BREチームのエンジニアらが設立したエレクトロモーティブ・チームが活動を始めた。

1974年のプロダクションCクラスは、ウォルト・マースが260Zでチャンピオンとなった。翌75年のタイトルは280Zを走らせたボブ・シャープの手に再び渡った。レーシングZの多くが2.8ℓ仕様となったが、いずれもインジェクションを3連キャブに換装していた。

280Zはその後も1978年まで連勝を重ねた。76年のチャンピオンはエリオット・フォーブス－ロビンソン、77年はローガン・ブラックバーン、78年はフランク・レアリーであった。

SCCAのほかにアメリカでは、1971年からIMSA（International Motor Sports Asssoci-

ダットサンZが優勝した主なアメリカの選手権レース

車名	年度	選手権／クラス名	ドライバー
240Z	1970	SCCA／Production C	John Morton
240Z	1971	SCCA／Production C	John Morton
240Z	1972	SCCA／Production C	Bob Sharp
240Z	1973	SCCA／Production C	Bob Sharp
260Z	1974	SCCA／Production C	Walt Maas
280Z	1975	SCCA／Production C	Bob Sharp
280Z	1975	IMSA／GTU	Bob Sharp
280Z	1976	SCCA／Production C	E. Forbes-Robinson
280Z	1976	IMSA／GTU	Brad Frisselle
280Z	1977	SCCA／Production C	Logan Blackburn
280Z	1977	SCCA／SS/A	D. J. Fazekas
280Z	1978	SCCA／Production C	Frank Leary
280Z	1978	SCCA／SS/A	D. J. Fazekas
280Z	1986	SCCA／Production C	Scott Sharp

1975年のルマン24時間に出場した260Z。見事完走を果たし、クラス1位、総合26位でゴールした。

ation)選手権と呼ばれるシリーズが始まっていた。これはGTU（排気量2.5ℓ未満のGT）、GTO（2.5ℓ以上のGT）、RS（Racing Stock）、AAGT（All-American GT）という4クラスから成り、ダットサンは1970年代中頃からGTUクラスのマシーンをサポートしていた。

ボブ・シャープの240Z GTU仕様は、排気量2450cc、圧縮比11.8：1のエンジンに3連の三国-ソレックス50mmキャブレターを装着、5段ギアボックスを装備した。最高出力は258ps／8250rpm、最大トルクは25.4kg-m／6500rpm、レッドゾーンは8300rpmからで、0-400mの到達速度はノーマル280Zの130km/hに対して、165km/hにも達したという。0-100mph（161km/h）は280Zの30.2秒に対して、14.8秒。車両重量は1000kgであった。厳しいシーズンを戦い終えて、彼は1975年のIMSA選手権GTUクラスでチャンピオンの座に輝いた。

1976年のGTUタイトルはブラッド・フリッセルが獲得。エレクトラモーティブ・チームは1978年シーズンからIMSAに参戦、この年はかろうじて1勝を挙げただけだったが、翌シーズンからニューモデルの280ZXで大きな成功を収めることになる。

1978年までにアメリカ日産のコンペティション部門は年間450万ドルものパーツの売り上げを達成。これだけでも充分な成果といえるが、当然、Zカーの販売増にも大きく寄与した。あるニューヨークのディーラーはこう語った。「日産のアメリカでのレースに対するサポートは、ダットサン車のクオリティと耐久性、信頼性の評価を高め、必然的にダットサン車の販売台数を増やす重要な要素のひとつとなった」

海外レース：ヨーロッパ

ヨーロッパでは、240Z自体の販売台数はもちろん、クラブレースを楽しむ人口という点でも、アメリカにははるかに及ばないため、プライベートチームによるレース活動もそれほど盛んではなかった。

1975年、ルマン24時間レースのGTSクラスに、元ワークス・チームの260Zが2393ccとしてエントリーされた（カーナンバー72）。日本車としては73年からシグマ・マツダが参戦しているが、完走して結果を残したのはこれが初めてである。ボディはレッドで、下側にホワイトのラインが引かれていた。アンドレ・ハラー／ハンス・シューラー／ブノワ・マエシュラー組が3455kmを走り、平均速度143.98km/hを記録し、2001～2500ccクラスで1位、総合26位でゴールした。

1976年のルマンには、2565ccの車がGTクラスにエントリー（カーナンバー73）。この車はボンネットがホワイトで、ボディは色調が3段階のブルーに塗られ、クロード・ビュシェ／リュック・ファヴレッセ／アンドレ・ハラー組がステアリングを握った。リザルトとしては、残念ながら7時間目で事故に遭ってリタイアを喫した。その後、日産車がルマンに再び姿を見せるのは、10年後の1986年のことである（スポーツプロトタイプ）。

240Zが参戦した主な海外ラリーの結果

1970年RACラリー（11月14〜19日）

順位	車番	車名	ドライバー
1	14	Lancia Fulvia HF	Kallstrom/Haggbom
2	20	Opel Kadett	Eriksson/Johansson
3	40	Opel Kadett	Nasenius/Cederberg
4	34	Opel Kadett	Henriksson/Carlstrom
5	35	Renault-Alpine A110	Cowan/Cardno
7	18	Datsun 240Z	Aaltonen/Easter
—	32	Datsun 240Z	Herrmann/Schuller
—	55	Datsun 240Z	Bloxham/Salt
—	25	Datsun 240Z	Fall/Phillips

1971年モンテカルロ・ラリー（1月22〜29日）

順位	車番	車名	ドライバー
1	28	Renault-Alpine A110	Andersson/Stone
2	9	Renault-Alpine A110	Therier/Callewaert
3	7	Porsche 914/6	Waldegard/Thorszelius
4	22	Renault-Alpine A110	Andruet/Vial
5	62	Datsun 240Z	Aaltonen/Easter
10	70	Datsun 240Z	Fall/Wood
—	76	Datsun 240Z	Van Bergen/Van Bergen

1971年サファリ・ラリー（4月8〜12日）

順位	車番	車名	ドライバー
1	11	Datsun 240Z	Herrmann/Schuller
2	31	Datsun 240Z	Mehta/Doughty
3	15	Peugeot 504	Shankland/Bates
4	3	Ford Escort TC	Hillyar/Aird
5	19	Porsche 911S	Zasada/Bien
7	12	Datsun 240Z	Aaltonen/Easter
—	7	Datsun 240Z	Gerrish/Simonian

1971年RACラリー（11月20〜25日）

順位	車番	車名	ドライバー
1	2	Saab 96 V4	Blomqvist/Hertz
2	3	Porsche 911S	Waldegard/Nystrom
3	24	Saab 96 V4	Orrenius/Persson
4	12	Ford Escort RS	Mikkola/Palm
5	16	Ford Escort RS	Makinen/Liddon
17	5	Datsun 240Z	Herrmann/Schuller
19	26	Datsun 240Z	Mehta/Drews
—	10	Datsun 240Z	Aaltonen/Easter
—	18	Datsun 240Z	Fall/Wood

1972年モンテカルロ・ラリー（1月21〜28日）

順位	車番	車名	ドライバー
1	14	Lancia Fulvia HF	Munari/Mannucci
2	4	Porsche 911S	Larrousse/Perramond
3	5	Datsun 240Z	Aaltonen/Todt
4	21	Lancia Fulvia HF	Lampinen/Andreasson
5	7	Ford Escort RS	Piot/Porter
29	20	Datsun 240Z	Fall/Wood

1972年サファリ・ラリー（3月30日〜4月3日）

順位	車番	車名	ドライバー
1	7	Ford Escort RS	Mikkola/Palm
2	12	Porsche 911S	Zasada/Bien
3	14	Ford Escort RS	Preston/Smith
4	21	Ford Escort RS	Hillyar/Birley
5	10	Datsun 240Z	Herrmann/Schuller
6	5	Datsun 240Z	Aaltonen/Fall
10	8	Datsun 240Z	Mehta/Doughty

1972年RACラリー（12月2〜7日）

順位	車番	車名	ドライバー
1	4	Ford Escort RS	Clark/Mason
2	1	Saab 96 V4	Blomqvist/Hertz
3	14	Opel Ascona	Kullang/Karlsson
4	2	Lancia Fulvia HF	Kallstrom/Haggbom
5	8	Lancia Fulvia HF	Lampinen/Andreasson
11	6	Datsun 240Z	Aaltonen/Easter
18	18	Datsun 240Z	Fall/Wood
43	34	Datsun 240Z	Fidler/Hughes
—	26	Datsun 240Z	Mehta/Holmes

1973年モンテカルロ・ラリー（1月19〜26日）

順位	車番	車名	ドライバー
1	18	Renault-Alpine A110	Andruet/"Biche"
2	15	Renault-Alpine A110	Andersson/Todt
3	21	Renault-Alpine A110	Nicolas/Vial
4	20	Ford Escort RS	Mikkola/Porter
5	4	Renault-Alpine A110	Therier/Callewaert
9	10	Datsun 240Z	Fall/Wood
18	17	Datsun 240Z	Aaltonen/Easter

1973年サファリ・ラリー（4月19〜23日）

順位	車番	車名	ドライバー
1	1	Datsun 240Z	Mehta/Drews
2	9	Datsun 1800SSS	Kallstrom/Billstam
3	7	Peugeot 504	Andersson/Todt
4	19	Datsun 1800SSS	Fall/Wood
5	28	Peugeot 504	Huth/McConnell
—	6	Datsun 240Z	Aaltonen/Easter
—	11	Datsun 240Z	Herrmann/Schuller

1973年RACラリー（11月17〜21日）

順位	車番	車名	ドライバー
1	13	Ford Escort RS	Makinen/Liddon
2	1	Ford Escort RS	Clark/Mason
3	18	Ford Escort RS	Alen/Kivimaki
4	31	Volvo 142	Walfridsson/Jensen
5	8	Renault-Alpine A110	Nicolas/Roure
14	5	Datsun 240Z	Kallstrom/Billstam
—	17	Datsun 240Z	Fall/Wood
—	22	Datsun 240Z	Sclater/Holmes

フェアレディ・シリーズ主要諸元

〔出典：「NISSAN SPORTS 1952〜1990 The History of Fairlady」日産自動車㈱／「自動車ガイドブック」〕

	DC3 1952年1月	S211 1959年11月	SPL212 1960年1月	SPL213 1960年10月
車体構造	ラダーフレーム	ラダーフレーム	ラダーフレーム	ラダーフレーム
全長(mm)	3510	3985	4025	4025
全幅(mm)	1360	1455	1475	1475
全高(mm)	1450	1350	1380	1365
エンジン	D10型	C型	E型	E1型
形式	水冷直列4気筒　SV	水冷直列4気筒　OHV	水冷直列4気筒　OHV	水冷直列4気筒　OHV
総排気量(cc)	860	988	1189	1189
圧縮比	6.5	7.0	7.5	8.2
ボア・ストローク(mm)	60×76	73×59	73×71	73×71
最高出力(ps/rpm)	20／3600	34／4400	48／4800	60／5000
最大トルク(kg-m／rpm)	4.9／2400	6.6／2400	8.4／2400	8.8／3600
最高速度(km/h)	70	115	132	132
ホイールベース(mm)	2150	2220	2200	2200
トレッド前／後(mm)	1048／1180	1170／1180	1170／1180	1170／1184
車両重量(kg)	750	810	885	890
乗車定員	4名	4名	4名	4名
変速機	前進3段　ノンシンクロ	前進4段　2〜4速シンクロ	前進4段　2〜4速シンクロ	前進4段　2〜4速シンクロ
サスペンション　前	リーフ・リジッド	リーフ・リジッド	独立　トーションバー	独立　トーションバー
サスペンション　後	リーフ・リジッド	リーフ・リジッド	リーフ・リジッド	リーフ・リジッド
ブレーキ(前／後)	ドラム／ドラム(機械式)	ドラム／ドラム	ドラム／ドラム	ドラム／ドラム
タイヤ(前後共)	5.50-15-4P	5.20-14-4P	5.20-14-4P	5.20-14-4P
価格(当時)	83万5000円	79万5000円	―	―

	SP310 1962年10月	SP311 1965年5月	SR311 1967年3月
車体構造	ラダーフレーム	ラダーフレーム	ラダーフレーム
全長(mm)	3910	3910	3910
全幅(mm)	1495	1495	1495
全高(mm)	1275	1315	1300
エンジン	G型	R型	U20型
形式	水冷直列4気筒　OHV	水冷直列4気筒　OHV	水冷直列4気筒　SOHC
総排気量(cc)	1488	1595	1982
圧縮比	8.0	9.0	9.5
ボア・ストローク(mm)	80×74	87.2×66.8	87.2×83
最高出力(ps／rpm)	71／5000	90／6000	145／6000
最大トルク(kg-m／rpm)	11.5／3200	13.5／4000	18.0／4800
最高速度(km/h)	150	165	205
ホイールベース(mm)	2280	2280	2280
トレッド前／後(mm)	1213／1198	1270／1198	1275／1200
車両重量(kg)	870	920	910
乗車定員	3名	2名	2名
変速機	前進4段　2〜4速シンクロ	前進4段　フルシンクロ	前進5段　フルシンクロ
サスペンション　前	独立　ダブル・ウィッシュボーン	独立　ダブル・ウィッシュボーン	独立　ダブル・ウィッシュボーン
サスペンション　後	リーフ・リジッド	リーフ・リジッド	リーフ・リジッド
ブレーキ(前／後)	ドラム／ドラム	ディスク／ドラム	ディスク／ドラム
タイヤ(前後共)	5.60-13-4P	5.60-14-4P	5.60-S14-4P
価格(当時)	85万円	93万円	85万円

	S30 1969年11月	PS30（Z432） 1969年11月	HS30（240Z） 1971年10月
車体構造	モノコック	モノコック	モノコック
全長（mm）	4115	4115	4305（ZG）
全幅（mm）	1630	1630	1690（ZG）
全高（mm）	1285	1290	1285
エンジン	L20型	S20型	L24型
形式	水冷直列6気筒　SOHC	水冷直列6気筒　DOHC	水冷直列6気筒　SOHC
総排気量（cc）	1998	1989	2393
圧縮比	9.5	9.5	8.8
ボア・ストローク（mm）	78×69.7	82×62.8	83×73.7
最高出力（ps／rpm）	130／6000	160／7000	150／5600
最大トルク（kg-m／rpm）	17.5／4400	18.0／5600	21.0／4800
最高速度（km/h）	195（Z-L）	210	210（ZG）
ホイールベース（mm）	2305	2305	2305
トレッド前／後（mm）	1355／1345	1355／1345	1355／1345
車両重量（kg）	995（Z-L）	1040	1010（ZG）
乗車定員	2名	2名	2名
変速機	前進5段　フルシンクロ	前進5段　フルシンクロ	前進5段　フルシンクロ
サスペンション　前	独立　ストラット	独立　ストラット	独立　ストラット
サスペンション　後	独立　ストラット	独立　ストラット	独立　ストラット
ブレーキ（前／後）	ディスク／ドラム	ディスク／ドラム	ディスク／ドラム
タイヤ（前後共）	6.45H14-4PR	6.95H14-4PR	175HR-14（ZG）
価格（当時）	108万円（Z-L）	185万円（マグホイール付）	150万円（ZG）

	S130 1978年8月	HS130 1978年8月	S130 1982年10月
車体構造	モノコック	モノコック	モノコック
全長（mm）	4340	4420	4420
全幅（mm）	1690	1690	1690
全高（mm）	1295	1295	1295
エンジン	L20E型	L28E型	L20E-T型
形式	水冷直列6気筒　SOHC	水冷直列6気筒　SOHC	水冷直列6気筒　SOHC ターボチャージャー付
総排気量（cc）	1998	2753	1998
圧縮比	8.8	8.3	7.6
ボア・ストローク（mm）	78.0×69.7	86.0×79.0	78.0×69.7
最高出力（ps／rpm）	130／6000	145／5200	145／5600
最大トルク（kg-m／rpm）	17.0／4000	23.0／4000	21.0／3200
最高速度（km/h）	—	—	—
ホイールベース（mm）	2320	2320	2320
トレッド前／後（mm）	1385／1380	1385／1380	1395／1390（Z-T）
車両重量（kg）	1190（Z-L）	1225（Z-L）	1205（Z-T）
乗車定員	2名	2名	2名
変速機	前進5段　フルシンクロ	前進5段　フルシンクロ	前進5段　フルシンクロ
サスペンション　前	独立　ストラット	独立　ストラット	独立　ストラット
サスペンション　後	独立　セミ・トレーリングアーム	独立　セミ・トレーリングアーム	独立　セミ・トレーリングアーム
ブレーキ（前／後）	ベンチレーテッド・ディスク／ディスク	ベンチレーテッド・ディスク／ディスク	ベンチレーテッド・ディスク／ディスク
タイヤ（前後共）	195/70HR-14	195/70HR-14	215/60R-15 90H（Z-T）
価格（当時）	162万5000円（Z-L）	180万円（Z-L）	213万3000円（Z-T）

	Z31 1983年9月	**HZ31** 1983年9月	**PZ31（200ZR）** 1985年10月
車体構造	モノコック	モノコック	モノコック
全長（mm）	4335	4335	4335
全幅（mm）	1690	1725	1690
全高（mm）	1295	1295	1295
エンジン	VG20ET型	VG30ET型	RB20DET型
形式	水冷V型6気筒　SOHC ターボチャージャー付	水冷V型6気筒　SOHC ターボチャージャー付	水冷直列6気筒　DOHC ターボチャージャー付
総排気量（cc）	1998	2960	1998
圧縮比	8.0	7.8	8.5
ボア・ストローク（mm）	78.0×69.7	87.0×83.0	78.0×69.7
最高出力（ps／rpm）	170／6000	230／5200	180／6400
最大トルク（kg-m／rpm）	22.0／4000	34.0／3600	23.0／3600
最高速度（km/h）	—	—	—
ホイールベース（mm）	2320	2320	2320
トレッド前／後（mm）	1415／1435	1415／1435	1415／1435
車両重量（kg）	1215（ZG）	1325	1350（ZR-Ⅱ）
乗車定員	2名	2名	2名
変速機	前進5段　フルシンクロ	前進5段　フルシンクロ	前進5段　フルシンクロ
サスペンション　前	独立　ストラット	独立　ストラット	独立　ストラット
サスペンション　後	独立　セミ・トレーリングアーム	独立　セミ・トレーリングアーム	独立　セミ・トレーリングアーム
ブレーキ（前／後）	ベンチレーテッド・ディスク／ディスク	ベンチレーテッド・ディスク／ディスク	ベンチレーテッド・ディスク／〃
タイヤ（前後共）	215/60R15 90H（ZG）	215/60R15 90H	215/60R15 90H
価格（当時）	218万6000円（ZS）	320万円（ZX）	298万3000円（—＊）

＊エアスポイラー装着　特別塗装色

	Z32 1989年7月	**CZ32** 1989年7月
車体構造	モノコック	モノコック
全長（mm）	4310	4310
全幅（mm）	1790	1790
全高（mm）	1245（標準ルーフ）	1245（標準ルーフ）
エンジン	VG30DE型	VG30DETT型
形式	水冷V型6気筒　DOHC	水冷V型6気筒　DOHC ツインターボチャージャー付
総排気量（cc）	2960	2960
圧縮比	10.5	8.5
ボア・ストローク（mm）	87.0×83.0	87.0×83.0
最高出力（ps／rpm）	230／6400	280／6400
最大トルク（kg-m／rpm）	27.8／4800	39.6／3600
最高速度（km/h）	—	—
ホイールベース（mm）	2450	2450
トレッド前／後（mm）	1495／1535	1495／1535
車両重量（kg）	1430（標準ルーフ）	1510（標準ルーフ）
乗車定員	2名	2名
変速機	前進5段　フルシンクロ	前進5段　フルシンクロ
サスペンション　前	独立　マルチリンク	独立　マルチリンク
サスペンション　後	独立　マルチリンク	独立　マルチリンク
ブレーキ（前／後）	ベンチレーテッド・ディスク／〃	ベンチレーテッド・ディスク／〃
タイヤ（前後共）	225/50R16 92V	225/50R16 92V
価格（当時）	330万円（—）	398万5000円（—）

フェアレディ・シリーズ生産／登録／輸出台数　〔日産自動車㈱広報部資料〕

S211／SP310／SR311／S30他

西暦	生産 年間台数	累計	輸出 年間台数	累計
1958	3			
1959	14	17		
1960	337	354	245	427
1961	119	473	182	609
1962	239	712	75	684
1963	1,977	2,689	1,092	1,776
1964	4,556	7,245	2,795	4,571
1965	4,966	12,211	4,293	8,864
1966	6,105	18,316	5,922	14,786
1967	7,662	25,978	6,714	21,500
1968	13,690	39,668	12,699	34,199
1969	8,868	48,536	8,769	42,968
1970	1,285	49,821	1,201	44,169

S30／S130他

西暦	生産 年間台数	累計	輸出 年間台数	累計
1969	1,162		3	
1970	21,837	22,999	17,005	17,008
1971	44,998	67,997	40,219	57,227
1972	65,956	133,953	60,025	117,252
1973	58,596	192,549	51,332	168,584
1974	62,961	255,510	54,026	222,610
1975	72,503	328,013	55,417	278,027
1976	72,565	400,578	64,597	342,624
1977	84,156	484,734	75,975	418,599
1978	91,220	575,954	74,784	493,383
1979	105,045	680,999	85,643	579,026
1980	70,435	751,434	62,468	641,494
1981	84,668	836,102	78,959	720,453
1982	74,030	959,958	69,989	

Z31／Z32他

西暦	生産 年間台数	累計	登録 年間台数	累計	輸出 年間台数	累計
1983	72,652	1,032,610	8,310	129,317	61,660	896,089
1984	96,346	1,128,956	9,966	139,283	89,270	985,359
1985	78,765	1,207,721	6,603	145,886	72,947	1,058,306
1986	66,265	1,273,986	5,455	151,341	60,650	1,118,956
1987	37,888	1,311,874	4,048	155,389	34,369	1,153,325
1988	12,775	1,324,649	3,077	158,466	11,006	1,164,331
1989	50,459	1,375,108	15,418	173,884	33,478	1,197,809
1990	42,563	1,417,671	20,767	194,651	21,642	1,219,451
1991	26,313	1,443,984	11,638	206,289	14,631	1,234,082
1992	19,075	1,463,059	6,572	212,861	13,174	1,247,256
1993	8,750	1,471,809	3,299	216,160	6,239	1,253,495
1994	6,790	1,478,599	1,827	217,987	5,057	1,258,552
1995	6,503	1,485,102	2,157	220,144	4,426	1,262,978
1996	2,415	1,487,517	1,220	221,364	1,351	1,264,329
1997	1,024	1,488,541	1,032	222,396	0	1,264,329
1998	734	1,489,275	696	223,092	0	1,264,329

編集後記

　2年ほど前、私どもの友人である英国人ジャーナリスト、ブライアン・ロング氏がZシリーズをまとめることを企画、小社は日本側資料と取材の協力を依頼されました。小社でもかねてからフェアレディZの本の計画があり、構想を練っていたところでしたが、英国側の資料を提供していただけることになったので、それを機に実際の準備作業に入ることにしました。

　構想を固めるのはけっして容易なことではありませんでしたが、多くの方々のご協力によって、当初考えていたよりさらに充実した本としてまとめることができました。松尾良彦氏は、グランプリ出版の尾崎桂治社長がご紹介くださいました。写真資料の多くは日産自動車から提供していただきましたが、広報部商品広報グループの新井良夫氏と星野景子氏にお世話になりました。そのほか自動車工業振興会資料部、モータリングプレスサービス (MPS)、ブックガレージ、片山豊氏、松尾良彦氏、五十嵐平達氏、ブライアン・ロング氏からご提供いただきました。スポーツワゴンのイラストは、ネコパブリッシングのご了解によって掲載できました。

　以上の本書刊行のためにご尽力くださった方々に対して厚く御礼申し上げます。そして本書がフェアレディを始めスポーツカーのファンの方々にとって最良の書となれば幸いです。

三樹書房編集部　　小林謙一

フェアレディΖストーリー
米国市場を切り拓いたスポーツカー

著 者　片山 豊　松尾良彦　片岡英明　ブライアン・ロング　他共著

発行者　小林謙一

発行所　**三樹書房**
〒101-0051 東京都千代田区神田神保町1-30
TEL 03(3295)5398
FAX 03(3291)4418
振替 00100-3-60526
URL http://www.mikipress.com

印　刷　株式会社 精興社

© NISSAN MOTOR CO., LTD.／MIKI PRESS　　　Printed in Japan

※ 本書の一部あるいは写真などを無断で複写・複製(コピー)することは、法律で認められた場合を除き、著作者及び出版社の権利の侵害になります。個人使用以外の商業印刷、映像などに使用する場合はあらかじめ小社の版権管理部に許諾を求めて下さい。

落丁・乱丁本は、お取り替え致します